科學天地 BWS173

觀念化學 4

生活中的化學

Conceptual Chemistry

Understanding Our World of Atoms and Molecules

By John Suchocki, Ph. D.

蘇卡奇 著　　李千毅 譯

作者簡介

蘇卡奇（John Suchocki）

美國維吉尼亞州立邦聯大學（Virginia Commonwealth University）有機化學博士。他不僅是出色的化學教師，也是大名鼎鼎的《觀念物理》（*Conceptual Physics*）作者休伊特（Paul G. Hewitt）的外甥。

在取得博士學位並從事兩年的藥理學研究後，蘇卡奇前往夏威夷州立大學（University of Hawaii at Manoa）擔任客座教授，並且在那裡與休伊特一同鑽研大學教科書的寫作，從此對化學教育工作欲罷不能。

蘇卡奇最拿手的，就是帶領學生從生活中探索化學，他說：「當你好奇大地、天空和海洋是什麼構成的，你想的就是化學。」他總是想著要如何用最貼近生活的例子，給學生最清晰的觀念；他也相信，只要從基本觀念著手，化學會是最實際且一生受用不盡的科學。

目前，蘇卡奇與他的妻子、三個可愛的小孩，一同定居在佛蒙特州，並且在聖米迦勒學院（Saint Michael's College）擔任教職，繼續著他熱愛的教書、寫書，還有詞曲創作的生活。

譯者簡介

李千毅

中興大學植物系畢業,密西根大學生物碩士,曾任天下文化資深編輯,現為文字工作者。

譯有《金色雙螺旋》(合譯)、《觀念生物學1～4》、《現代化學 II》(合譯)、《我數到3ㄛ!》、《婦科診療室》(合譯)(以上皆由天下文化出版);《愛上細胞》、《病菌殺手》、《串連生命的密碼——DNA》、《訂作一個我——基因》、《創造通訊世界的電話——貝爾》、《居禮夫人——放射科學的光芒》、《圖解生物辭典》(以上皆由小天下出版)。

觀念化學4　生活中的化學

第13章 | 生命的化學

第 **14** 章　藥物的化學

第 **15** 章 　糧食生產與化學

13

生命的化學

從第1到12章，我們探討了各式各樣的原子與分子，

也學到了這些原子與分子間發生的化學反應。

有了這些基礎，從這一章開始，

你將會重新認識你的身體！

想知道你每天吃的東西在身體中發生了什麼事？

接下來我們將一一告訴你。

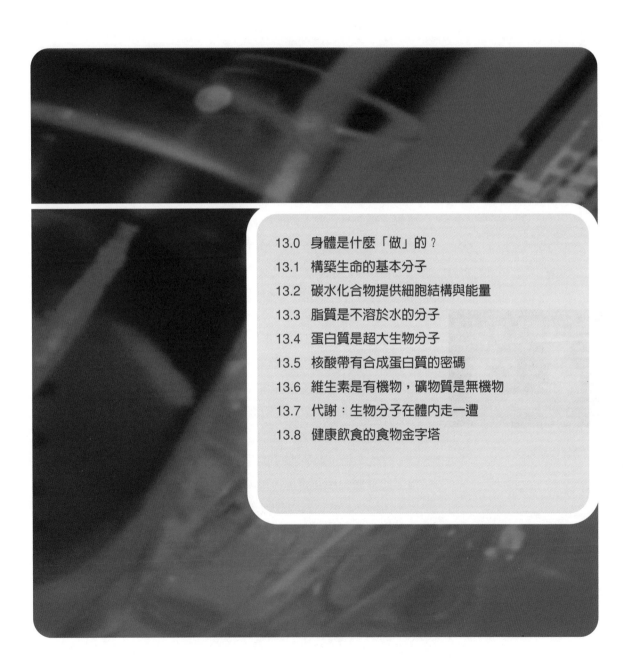

13.0 身體是什麼「做」的？

我們的身體每天從所吃的食物中吸收各式化學分子，其中有些被轉化成能量，有些被併入體內的各種構造，以執行不同的功能或維持身體的形狀。然而，在活的生物體內，沒有一個分子是永久的居民，這些分子會不斷的汰舊換新：每當我們吃進一批新的食物，裡面的分子經過轉變後，會取代體內的舊分子。所以大約每七年之後，我們體內的分子會差不多全部更新過。由此可見，今天你的身體與七年前的身體已經是大大的不同囉！

這麼說來，「個體」是指什麼？如果不是取決於構成的分子，那麼會是這些分子組合時所依據的模式嗎？只要看一眼同卵雙生的雙胞胎，你就會明白這問題的答案是否定的。任何生物的分子模式是決定於該生物的遺傳密碼，而同卵雙生的雙胞胎生來就具有一模一樣的遺傳密碼；但即使兩人的分子模式相同，他們卻各自具有獨一無二的性格。

有趣的是，幾年前的你與今日的你，儘管遺傳密碼未曾改變，但你的身體已不再是原來的身體，因為舊的分子已被新的分子取代，彷彿從前的你與現在的你是一對雙胞胎。除了多了一些記憶之外，今日的你與昨日的你，兩者的差別就如同雙胞胎之間的差別。所以，也許我們可以這麼說：每個人的身分，無時無刻都在不斷的更新中。

關於大家津津樂道的存在問題，這一章也許無法保證能提供什麼高見，但如果你想要瞭解生物分子（即構成生物所需的分子）的

同卵雙生的雙胞胎

基本知識，以及它們在體內所扮演的重要角色，本章的內容就值得你參考。

13.1　構築生命的基本分子

細胞是所有生物的基本組成單位。一般來說，細胞是很小的東西，必須藉由顯微鏡才能看出個別的細胞。譬如說，在一個像英文的句點「.」大小的範圍中，大約可以容納十個一般大小的人類細胞。下頁圖13.1顯示的是一個典型的動物細胞，與一個典型的植物細胞。

所有細胞都有細胞膜。細胞膜不是只有把細胞包圍起來，它還決定哪些分子可以進出細胞，並且是一些重要化學反應的進行場所。在動物細胞中，細胞膜是細胞最外層的構造，但在植物細胞中，細胞膜之外還有一層堅硬的細胞壁，可以保護細胞，並維持細胞的結構。

每個細胞內都有細胞核，裡面含有遺傳密碼。在細胞膜與細胞核之間的部分叫做細胞質，其中包含各式各樣懸浮在黏液中的微構造，即所謂的胞器。這些胞器彼此分工合作，使一些重要的生物分子得以在細胞內合成、儲存，以及輸出。

細胞所使用的生物分子包括碳水化合物、脂質、蛋白質及核酸等種類。此外，大多數的細胞還需要少量的維生素和礦物質，才能使細胞正常的運作。現在我們就來逐一探討這幾大類生物分子。

📘 圖 13.1
從巨觀、微觀、次微觀等不同的
層次來看動、植物。

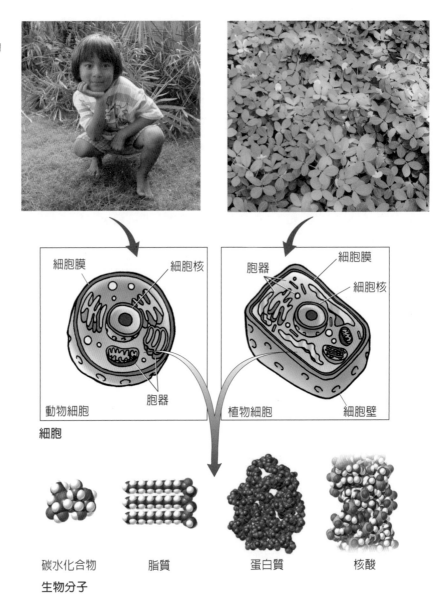

細胞膜   細胞核

胞器

動物細胞   胞器

胞器   細胞膜

細胞核

植物細胞   細胞壁

細胞

碳水化合物   脂質   蛋白質   核酸

生物分子

13.2 碳水化合物提供細胞結構與能量

　　碳水化合物是植物經由光合作用所製造的分子，它包含碳、
氫、氧三種元素。我們把這種分子叫做「碳水化合物」，因爲它們是
植物細胞利用碳（來自大氣中的二氧化碳）與水所產生的分子。
「**醣類**」（saccharide）一詞是碳水化合物的同義字，所謂的單醣
（monosaccharide）是一種最基本的碳水化合物單位。在大多數的單醣
中，每個碳原子至少與一個氧原子鍵結，通常是以氫氧基的形式出
現。單醣的種類很多，圖13.2顯示葡萄糖與果糖的結構，它們是最
常見的兩種單醣。

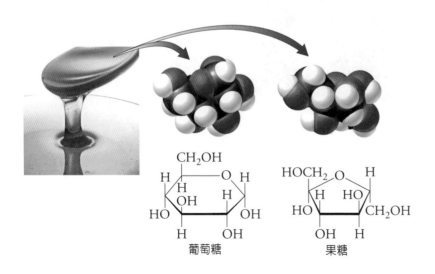

葡萄糖　　　　果糖

◁ 圖 13.2
蜂蜜是由葡萄糖與果糖構成的混
合物。葡萄糖具有六邊環的結
構，果糖則是一個五邊環的結
構。在左圖的分子模型下面顯
示的是簡單的表示法，這種棒狀
結構在前一章曾經介紹過。

單醣是雙醣的組成單位，所謂的雙醣就是含有兩個單醣的碳水化合物。圖13.3顯示蔗糖（即砂糖）的分子結構，這是大家最熟悉的一種雙醣。在消化道中，蔗糖很快會被分解成葡萄糖與果糖。

另一種重要的雙醣是乳糖，請見右頁圖13.4。乳糖是牛奶中主要的碳水化合物，它在消化道中，會被乳糖酶分解成半乳糖與葡萄糖兩種單醣。大多數的小孩到了六歲左右，體內已形成大量的乳糖酶，隨後，這種酵素的產量會漸漸減少，導致有些成人體內僅有少量或幾乎沒有這種酵素，這時就會出現乳糖不耐症。有這種問題的人在喝牛奶或攝取乳品時，會發生脹氣、腹部絞痛等症狀，這是起

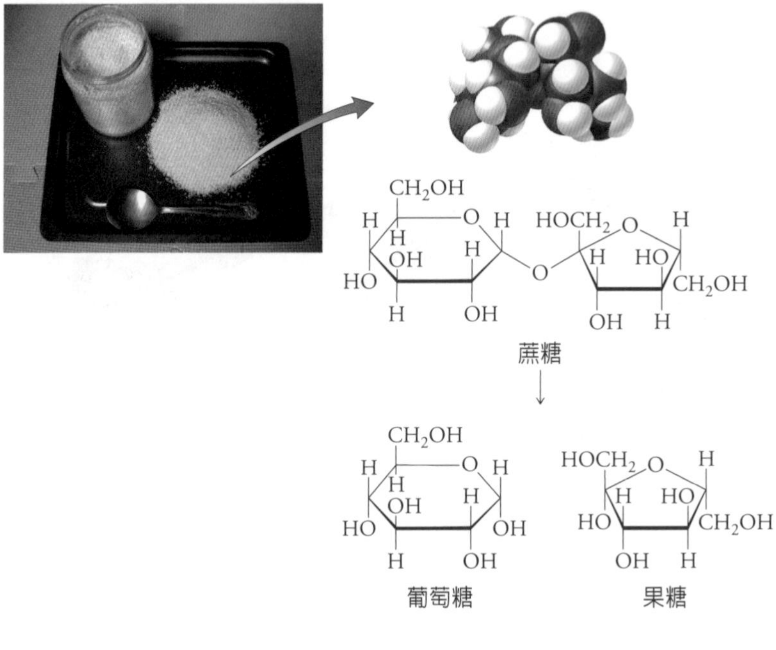

圖13.3
蔗糖是由葡萄糖與果糖利用化學鍵結所形成的雙醣，在消化過程中會被分解成兩個單醣。

蔗糖

葡萄糖　　　　果糖

因於腸內的細菌迅速消化乳糖，同時產生大量的氣體，例如氫氣所造成的。有一種緩和的解決方式，就是在乳品中添加乳酸菌（全名叫做嗜酸雙叉乳酸桿菌），這種細菌可以破壞消化道內製造大量氣體的菌群。而除了少碰乳品之外，另一種解決之道是在飲用乳品前，先加入市面上買得到的乳糖酶。

我們把單醣與雙醣歸類為簡單碳水化合物，因為這類的食物分子僅含一個或兩個單醣單位。大部分的簡單碳水化合物多少都帶有甜味，因此也都被視為一種糖。

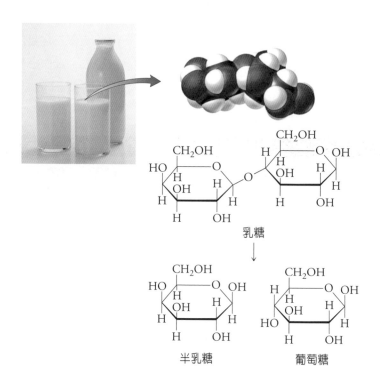

乳糖

半乳糖　　　葡萄糖

◁ 圖 13.4

牛奶與乳品中所含的乳糖，也是一種雙醣，在消化過程中會被分解成半乳糖與葡萄糖兩種單醣。

多醣是複合碳水化合物

還記得在《觀念化學 3》的第 12 章中,我們曾經提到,聚合物是由小的單體分子一個接一個串連而成的大分子。多醣就是以單醣為組成單位,所連結成的一種生物分子聚合物(生物聚醣)。多醣可以是任何一種單醣結合成的大分子。好比說,骨關節潤滑液中的玻尿酸(又稱透明質酸),就是由葡萄糖醛酸(glucuronic acid)和乙醯葡萄糖胺(N-acetylglucosamin)交替串連成的多醣分子,請見右頁圖 13.5 a。

昆蟲及蝦、蟹等海洋生物的外骨骼(保護殼)是由幾丁質構成的,這是一種堅硬且有韌度的多醣分子,由乙醯葡萄糖胺這種單醣連結而成,請見右頁圖 13.5 b。從前的樹漆中一度含有來自昆蟲外骨骼的幾丁質。現在,有人發現可以把幾丁質磨成粉末,當作一種膳食纖維補充品。

簡單/複合碳水化合物對照表:		
簡單碳水化合物		複合碳水化合物
單醣	雙醣	多醣
葡萄糖	蔗糖	玻尿酸
果糖	乳糖	幾丁質
		澱粉
		肝糖
		纖維素

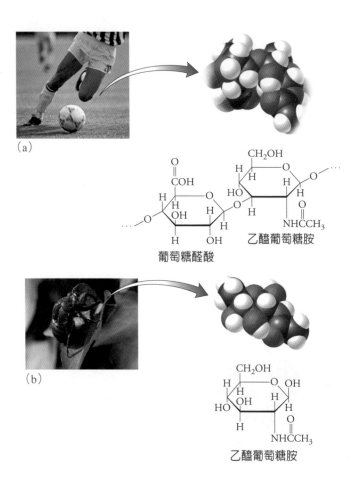

圖13.5
(a) 骨關節潤滑液中的玻尿酸是由葡萄糖醛酸和乙醯葡萄糖胺兩種單醣交替串連成的多醣分子。
(b) 昆蟲、蝦、蟹、龍蝦等的外骨骼是由幾丁質構成的，這是一種僅由乙醯葡萄糖胺聚合而成的多醣。

乙醯葡萄糖胺

葡萄糖醛酸

乙醯葡萄糖胺

　　雖然多醣分子可以由任何單醣組成，但人類所攝取的多醣僅由葡萄糖構成。這些多醣包括澱粉、肝糖及纖維素，它們的差別只在於葡萄糖的串連方式。所有的多醣，尤其是這些飲食中的多醣，都是複合碳水化合物。在此，「複合」表示有許多單醣串連在一起。

你答對了嗎？

簡單碳水化合物之所以簡單，在於它僅由一個或兩
個單醣構成；複合碳水化合物之所以複雜，是因為
它是由眾多的單醣單位構成。

　　澱粉是植物製造的一種多醣，用來儲存光合作用產生的葡萄
糖；在光合作用的過程中，植物把太陽能轉換成化學能，存放在糖
類分子中（第 15 章我們將討論光合作用）。在陰天或夜晚，澱粉聚合物
會分解成葡萄糖，為植物提供源源不絕的能量。動物也可從植物的
澱粉中獲取葡萄糖，因此植物澱粉可說是一種重要的糧食來源。大
多數植物把它們製造的澱粉儲存在種子或根部。

　　一個澱粉分子可能含有高達 6,000 個葡萄糖單體，不過這個數字
變動很大，有些澱粉可能只含有 200 個葡萄糖分子。植物產生的澱
粉有兩種形式，一種是直鏈澱粉，另一種是支鏈澱粉，如右頁圖
13.6所示。

　　在直鏈澱粉中，葡萄糖單體串連成長鏈，並盤捲成線圈般的結
構。在支鏈澱粉中，葡萄糖單體也串連成捲曲的長鏈，但除此之
外，長鏈上每間隔一段距離就會有支鏈出現。大多數含澱粉的食
物，例如麵包和馬鈴薯，他們所含的澱粉大約有 20% 是直鏈澱粉，
80% 是支鏈澱粉。當這些食物在進行消化時，葡萄糖分子會從澱粉

長鏈的各個端點逐一被分解掉。在圖 13.6 中可以看到，由於支鏈澱粉有很多分支，使它的端點比直鏈澱粉還多，因此支鏈澱粉釋出葡萄糖的速率比直鏈澱粉快一些。

　　如果你把一塊麵包含在嘴裡幾分鐘，你會漸漸嚐到甜味，這表示消化作用已經開始，葡萄糖已被分解出來。

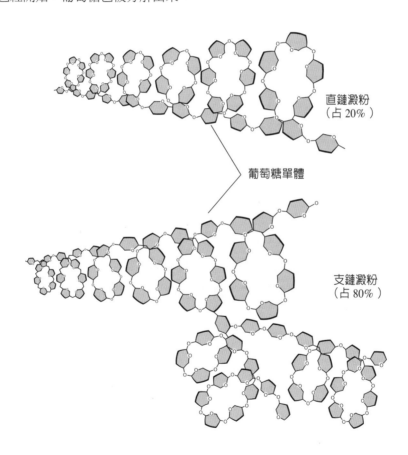

直鏈澱粉
（占 20%）

葡萄糖單體

支鏈澱粉
（占 80%）

🏠 圖 13.6

植物澱粉有兩種形式：直鏈澱粉和支鏈澱粉。

生活實驗室：唾液分解澱粉的反應

當碘與澱粉混合時，直鏈澱粉的長鏈分子會將碘分子纏繞在內部，形成「澱粉－碘」複合物（請見右頁上方的圖），並呈深藍色。當有足夠的碘時，溶液中的澱粉愈多，藍色就愈深，這種顏色的變化可以用來判斷澱粉的存在與否。在本實驗中，我們將利用碘液來測試唾液對直鏈澱粉與支鏈澱粉的消化作用。

■ 請先準備：

馬鈴薯、鍋子、水、兩個杯子、碘液（可以在藥局購買）。

■ 安全守則：

雖然我們常用碘液來消炎皮膚上的傷口，但誤食碘液可能有害身體。因此當你從藥局買到碘液，應該放在小孩拿不到的地方，你自己也要避免誤食。

■ 請這樣做：

1. 用兩杯水把幾片馬鈴薯放在鍋子裡煮沸，製成澱粉溶液。在兩個杯子中分別加入一茶匙澱粉溶液，再用一湯匙的水稀釋。
2. 將你的唾液輕輕的吐進其中一個杯子。搖晃杯子，使唾液與澱粉液均勻混合。
3. 幾分鐘後，在兩杯溶液中各加入一滴碘液。搖晃杯子，使碘液與溶液均勻混合。同時觀察兩杯溶液的顏色是否出現明顯的差異。如果沒有明顯的不同，再重複上述步驟幾次，每次只改變一個參數，例如使用的馬鈴薯片數。

最後，你應該可以觀察到兩杯溶液（其中一杯含有你的唾液）的藍色，有明顯的不同。已知顏色的深淺與澱粉的含量成正比，那麼，哪一杯溶液的藍色比較深？為什麼？

❧ 生活實驗室觀念解析

此為示意圖，未按碳與碘的鍵結比例繪製

上圖顯示直鏈澱粉與碘合成的複合物。當你把唾液吐進含澱粉的溶液中，唾液裡的澱粉酶會分解溶液中的澱粉，如此能與碘反應的澱粉就會比較少，導致溶液呈淺藍色。

在加入碘之前要等待幾分鐘，是因為澱粉酶需要先與澱粉分子反應一會兒。事實上，澱粉酶無法從澱粉長鏈中間去分解澱粉，把澱粉的長鏈分子切成兩節、四節、八節等等；這種酵素只能從澱粉長鏈的兩端逐一把葡萄糖分子切除，因此它分解澱粉的速率很慢。

這裡有一些關於這個實驗的問題：澱粉酶這種酵素很容易被熱破壞，你是否能以實驗來證明？如果你將某澱粉溶液只煮幾分鐘，而將另一澱粉溶液多煮很長一段時間，那麼當你加入碘液時，哪一個溶液會呈淺藍色？哪一個溶液會呈深藍色？許多速食的麥片早餐（Cream of Wheat cereal）中含有木瓜酵素，這是與澱粉酶有關的酵素。我們可以說這些速食早餐在進入你的嘴巴以前，已經開始進行消化作用了嗎？

　　動物會將多餘的葡萄糖轉化成**肝糖**儲存起來,肝糖是由數以百計的葡萄糖單體構成的,有時被稱為「動物性澱粉」。肝糖的結構與支鏈澱粉很相似,但它的分支更多,如右頁圖 13.7 所示。在兩餐之間,當血糖濃度下降時,動物體內的肝糖會分解成葡萄糖,因此我們可以把肝糖視為葡萄糖的儲存庫。肝臟與肌肉組織是人體內肝糖含量最豐富的地方。

　　纖維素是植物細胞壁的重要構成物質,它也是由葡萄糖組成的多醣。不過,纖維素裡的葡萄糖,與澱粉及肝糖中的葡萄糖不太一樣。澱粉與肝糖中的葡萄糖叫做 α-葡萄糖,右頁圖 13.8 中特別標示出來的氫氧基,是朝著某個方向;纖維素中的葡萄糖叫做 β-葡萄糖,它的同一個氫氧基卻是朝另一個方向。圖 13.8 顯示,許多 α-葡萄糖串連起來,自然會出現一個盤捲成線圈構造的長鏈分子。但許多 β-葡萄糖連結起來,則會出現一條直直的長鏈,沒有盤捲彎曲的可能;此外,這條長鏈中也沒有其他支鏈。由於纖維素具有這兩種特性,使它的多醣長鏈分子可以一條一條排列整齊,就像還沒煮過

　　的義大利麵條那樣。這種整齊的排列方式，使長鏈與長鏈之間的氫鍵數量可以達到最大值，因此造就了纖維素成爲一種堅韌的物質。此外，如下頁圖 13.9 所示，植物利用十字交叉的方式來鋪排纖維素，使得植物纖維更加強韌。

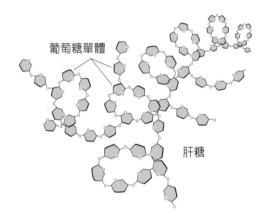

葡萄糖單體

肝糖

◀ 圖 13.7
肝糖這種複合碳水化合物，也是由葡萄糖單體構成，它出現在動物的組織中。

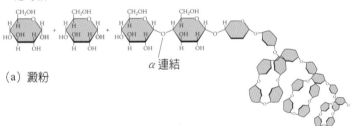

α-葡萄糖

(a) 澱粉

α 連結

◀ 圖 13.8
澱粉中的葡萄糖單體與纖維素中的葡萄糖單體，以不同的方位連結。(a) 在澱粉中，α-葡萄糖的串連形成盤繞捲曲的多醣鏈。(b) 在纖維素中，β-葡萄糖的串連形成無法捲曲的直鏈，使這些多醣分子可以彼此排列整齊。

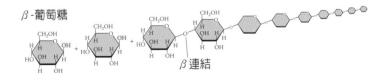

β-葡萄糖

β 連結

(b) 纖維素

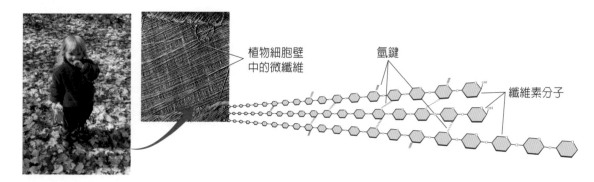

植物細胞壁
中的微纖維

氫鍵

纖維素分子

⚐ 圖 13.9

植物纖維素（包括女孩手中的樹葉）的長鏈分子之間，有氫鍵彼此相連。這些微纖維以交叉的方式鋪排，形成
堅韌的材質，從任何方向都不容易破壞它。

　　纖維素是植物最主要的結構組成物。棉花是幾乎由純纖維素構
成的東西。樹幹中的木材也大多是由纖維素構成，使它能支撐高達
三十公尺的樹木。就目前而言，纖維素可算是地球上含量最豐富的
有機化合物。

　　大多數的動物（包括人類）都無法將纖維素分解成葡萄糖。不
過在我們食物中的纖維素，可做為一種膳食纖維，幫助腸子蠕動。
由纖維素構成的纖維在我們的大腸中可以吸收水分，達到通便的效
果，使排泄物快速通過腸道，順便將有害的細菌與致癌物質排出體
外。啃食木頭的白蟻與吃草的反芻動物（牛、羊）之所以能從纖維
素中獲取營養，是因為它們的消化道中居住著一些微生物，能將纖
維素分解成葡萄糖。所以嚴格說起來，白蟻與反芻動物同樣也不會
消化纖維素。

13.3　脂質是不溶於水的分子

脂質是一群種類頗多的生物分子。儘管結構上的差異很大，但所有的脂質都不溶於水，因為每個脂質都含有許多沒有極性的碳氫單元。在本節中，我們將會討論兩種重要的脂質：脂肪和類固醇。

脂肪的用途是提供能量與保暖

任何由甘油與三個脂肪酸結合而成的生物分子，都屬於**脂肪**，如下頁圖 13.10 所示。一個脂肪酸是由一長串的碳氫鏈在末端加上一個羧基所構成。通常長鏈上的碳原子數目大約在 12 到 18 之間，且可能是飽和或不飽和狀態。還記得《觀念化學 3》第 12 章所說的：在一個飽和的碳氫鏈上，碳與碳之間是不含任何雙鍵的；不飽和的碳氫鏈則可能含有一個、兩個或三個「碳—碳」雙鍵或參鍵。仔細看喔，脂肪和碳水化合物一樣，僅含碳、氫、氧三種元素。也就是說，脂肪和碳水化合物擁有相似的組成，因為不論是植物或動物，都是從碳水化合物合成脂肪。不過，你只要比較圖 13.8 和圖 13.10，就可以立即發現這兩種分子的結構大不相同。由於脂肪分子是來自三個脂肪酸加上一個甘油，我們也常把脂肪稱作三酸甘油酯。

我們體內的脂肪會儲存在一些特定的部位，叫做脂肪組織，它們是重要的能量儲存所。表皮下的脂肪組織能幫助我們隔絕低溫，對生長在極地的動物來說，這真是個好消息。此外，像心臟、腎臟等重要的器官，也能藉由脂肪組織的護墊作用，減少傷害的發生。

脂肪的分解能產生相當多的能量，超過等量的碳水化合物或蛋

白質分解後所產生的能量。每一公克的脂肪含有9大卡能量,但每一公克的碳水化合物或蛋白質僅含4大卡能量。

圖 13.10
圖為典型的脂肪(也稱為「三酸甘油酯」)分子,是由一個甘油與三個脂肪酸分子結合而成。請注意在反應中還包含酯類官能基的形成。

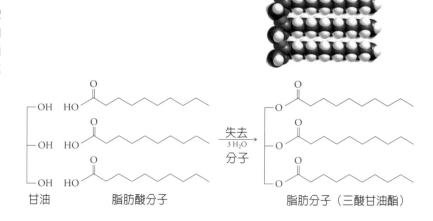

甘油　　　　　脂肪酸分子　　　　　　　　　　脂肪分子(三酸甘油酯)

失去
3 H₂O
分子

觀念檢驗站

 試舉兩個原因說明為何寒帶動物在冬天來臨前,會在體內形成厚厚的脂肪層?

你答對了嗎?

 一般而言,冬天較容易缺乏食物的來源,而脂肪可以提供能量,並且隔絕低溫,達到保暖的功效。

　　由飽和脂肪酸構成的脂肪稱作飽和脂肪。如圖 13.11 a 所示，飽和脂肪分子能夠緊密相疊，是因為它們的脂肪酸長鏈可以直直的伸出去，彼此並列起來。這一條一條的長鏈之間存在著感應偶極力（凡得瓦爾力的一種），這種吸引力使脂肪酸鏈互相靠在一起，使得飽和脂肪（例如豬油）有相對較高的熔點，因此在室溫下多半呈固體。構成不飽和脂肪的不飽和脂肪酸鏈，在有雙鍵的地方會出現轉折的現象，如圖 13.11 b 所示。這種「彎扭」的情形會阻礙脂肪酸長鏈的對齊與排列，導致不飽和脂肪有相對較低的熔點。由於這類脂肪在室溫下多半呈液態，因此通常被視為一種油。大多數的植物油在室溫下都是液態，這是因為它們含有高比例的不飽和脂肪。

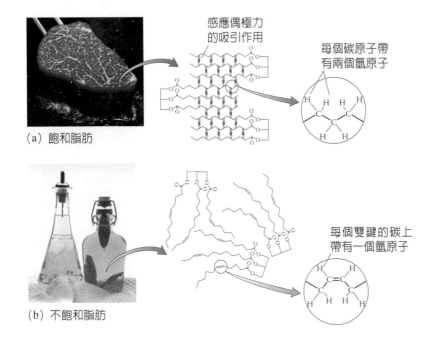

感應偶極力的吸引作用

每個碳原子帶有兩個氫原子

(a) 飽和脂肪

每個雙鍵的碳上帶有一個氫原子

(b) 不飽和脂肪

◀ 圖 13.11
(a) 一般而言，飽和脂肪在室溫下多呈固態，這是因為它們的脂肪酸鏈之間具有吸引力。（b）不飽和脂肪一般在室溫下多呈液態，因為它們的脂肪酸鏈上發生轉折，阻礙了分子間的引力。

　　動物或植物的脂肪是由不同脂肪分子構成的混合物，因此具有不同程度的未飽和情形。如果每個脂肪酸的長鏈中僅含一個「碳－碳」雙鍵，那麼由這種脂肪酸構成的脂肪叫做單元不飽和脂肪。

　　那些由含有超過一個雙鍵的脂肪酸長鏈所構成的脂肪，叫做多元不飽和脂肪。表 13.1 顯示在日常飲食常見的一些脂肪中，其飽和脂肪、單元不飽和脂肪、及多元不飽和脂肪各占的百分比。

表 13.1　常見脂肪中的未飽和程度			
脂肪種類	各種脂肪酸的百分比		
	飽和	單元不飽和	多元不飽和
椰子油	93	6	1
棕櫚油	57	36	7
豬油	44	46	10
棉花子油	26	22	52
花生油	21	49	30
橄欖油	15	73	12
玉米油	14	29	57
大豆油	14	24	62
葵花子油	11	19	70
紅花子油	10	14	76
芥菜子油	6	58	36

類固醇含有四個碳環

　　類固醇這類的脂質有一個共同特徵，就是具有四個相連的碳環結構。下頁圖13.12顯示的膽固醇，是目前自然界存在最多的類固醇，也是生物合成各種其他類固醇的起始物質，例如圖13.12中的性荷爾蒙：雌激素和睪固酮，都是由膽固醇衍變而來的。荷爾蒙是由身體某部位製造的化學物質，用來影響其他部位。好比說，雌激素是由卵巢分泌的荷爾蒙，睪固酮則是由睪丸分泌的荷爾蒙，它們都負責身體其他部位的第二性徵的發育。

　　膽固醇分布在身體的各處。其實，在人腦中有 10% 的重量來自膽固醇，肝臟則是體內合成膽固醇的場所。不過，我們也可從動物性的食物中獲得膽固醇。

　　目前人們已能製造出許多具有生物功效的合成類固醇。例如腎上腺皮質酮（prednisone）是一種常被用來治療關節炎的消炎藥，還有一些合成類固醇可以模仿睪固酮的功效，使肌肉強壯。這些都是所謂的同化類固醇（anabolic steroid），醫生會使用這些藥物來幫助荷爾蒙失調的病患回復正常，或者協助那些重度饑餓的人復原。有些運動員會利用這些類固醇來改善他們在運動場上的表現，但這些藥物有很多副作用，包括性無能、性慾降低、性徵改變、以及肝中毒等。由於壞處多多，因此大多數的運動機構已禁止使用同化類固醇。每一位運動員都要謹慎考量使用這些藥物的後果：眼前短暫的獲益與日後長久的損失相比，是否得不償失。想要瞭解更多關於類固醇的訊息，不妨先從美國國家衛生研究院藥物濫用研究所的類固醇網站著手，網址為：www.steroidabuse.org。

各種脂肪與類固醇的類別：		
脂肪		類固醇
飽和脂肪	不飽和脂肪	膽固醇
豬油	植物油	睪固酮
		雌激素

圖 13.12
雌激素和睪固酮這兩種性荷爾
蒙，都屬於類固醇化合物，它們
是從體內最豐富的膽固醇（類固
醇的一種）製造而來。

膽固醇

睪固酮

雌激素

觀念檢驗站

Q　　　脂肪與類固醇有什麼相似之處？

你答對了嗎？

A　　　兩者皆為脂質，因此都不溶於水。

13.4 蛋白質是超大生物分子

蛋白質是由胺基酸單元所構成的聚合性生物分子,屬於一種大型分子。一個**胺基酸**包含一個胺基、一個羧基、以及一個側基,三者皆與同一個碳原子鍵結,如圖 13.13 所示。胺基酸的種類有 20 種,所有的蛋白質都是由這 20 種基本單元建構而成。每一種胺基酸的差別在於側基的化學組成不同,請見下頁圖 13.14。

胺基酸是藉由胜肽鍵串連成蛋白質的,而胜肽鍵的形成,來自前一個胺基酸的羧基與後一個胺基酸的胺基發生縮合反應,如圖 13.15 所示(在《觀念化學 3》的 12.4 節曾介紹過,在縮合反應中,會損失一個小分子,例如水分子)。若干個胺基酸以這種方式串連起來,就產生所謂的胜肽(peptide)。

一個胜肽分子中含有幾個胺基酸,可以從它的英文字首得知,例如,二肽(dipeptide)是由兩個胺基酸構成,三肽(tripeptide)是來自三個胺基酸,四肽(tetrapeptide)則來自四個胺基酸。由十個胺基酸構成的胜肽,基本上稱做多肽(polypeptide)。蛋白質是自然形成的多肽,具有特定的生物功能;它所包含的胺基酸數目很多,往往有好幾百個。例如牛奶中有一種蛋白質,它的分子式是 $C_{1864}H_{3012}O_{576}N_{468}S_{21}$,這樣你或許就能想像某些蛋白質分子的龐大與複雜了。

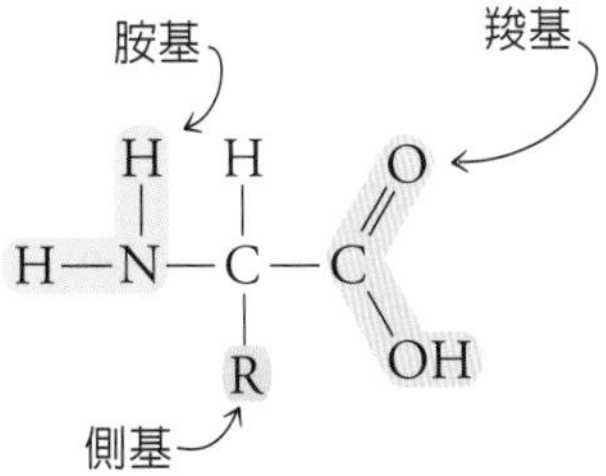

圖 13.13
這是胺基酸的基本構造,R 代表的是一個側基,每個胺基酸的差別就在此。

圖 13.14

這 20 種胺基酸是建構蛋白質的
基本單元。圖中每個胺基酸的側
基都以綠色標示出來,那些以紅
色字體標示名稱的胺基酸,屬於
必需胺基酸,稍後在 13.8 節將討
論到。

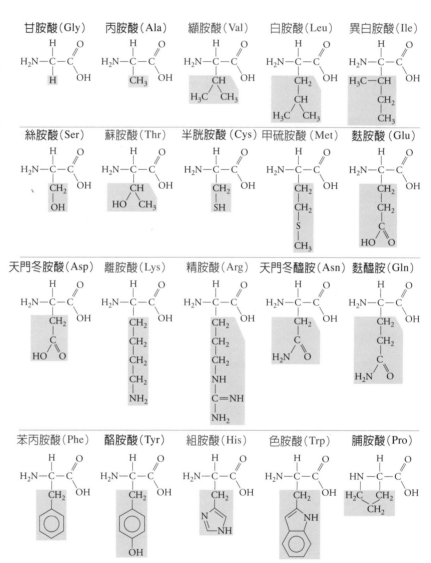

　　植物和動物組織所含的蛋白質，有的溶於液體中，有的呈固體形式。溶解的蛋白質主要存在細胞液及其他體液（例如血液）中，其中某些蛋白質可做為荷爾蒙，用來調節體內的代謝與生長；紅血球中的血紅蛋白是一種運輸蛋白，負責輸送氧氣到全身的細胞；還有白血球細胞製造的抗體，則是用來抵抗感染的蛋白質。另外，母奶中的儲存蛋白可以做為一種胺基酸的來源。酵素則是負責分解食物及催化體內各種反應的蛋白質。固體形式的蛋白質是皮膚、肌肉、毛髮、指甲、犄角等的主要成分。例如肌肉中的收縮蛋白讓我們能行走跑跳；結構蛋白則是構成皮膚、毛髮及骨骼的要素。除了以上的例子，人體中含有的蛋白質，可說各式各樣，達數千種。

| 胺基酸：一種小型的生物分子。 |
| 多肽類：由胺基酸組成的聚合物。 |
| 蛋白質：具有生物功能的多肽類。 |

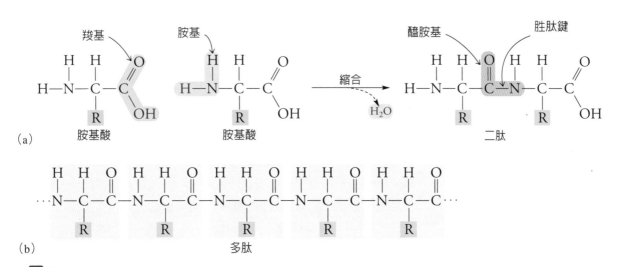

🏠 圖 13.15

（a）兩個胺基酸經由縮合反應形成一個胜肽鍵。產生的二肽含有一個醯胺基。

（b）多肽是許多胺基酸經由胜肽鍵所串連起來的大分子。

蛋白質的構造取決於相鄰胺基酸之間的引力

　　蛋白質的構造會決定它們的功能，從第38頁圖13.16可以看到蛋白質的結構可分為四種層級：「一級結構」指的是多肽鏈上的胺基酸序列；「二級結構」可分為 α 螺旋和 β 褶板兩種，用來描述多肽鏈上的局部構造；「三級結構」指的是整條多肽鏈折疊起來後所產生的外形結構，也許扭曲成長條纖維狀，或者纏繞捲曲成球狀；「四級結構」則用來描述不同的蛋白質（多肽鏈）彼此結合、組裝成一個大型複合物的整體結構。由於每一級構造是取決於前一級的結構，因此我們可以說蛋白質的構造與形狀，終究是由胺基酸序列所創造的。蛋白質的整體形狀則是藉由胺基酸側基之間的化學鍵與分子引力來維持。

　　在多肽鏈上，一級結構的變化可以有成千上萬種，可說像天文數字一般多。好比說，如果你用20種不同的胺基酸，去組成一個含有20個胺基酸的多肽鏈，它的可能性就多達 2.43×10^{18} 種！由此可見，要是一個多肽鏈是由超過100個胺基酸串連而成的，它的可能性就幾乎有無限種囉！其實，這種多樣化正是建構一個生物體所需要的特性。

　　雖然那些有生物功能的蛋白質，具有非常特定的胺基酸序列，但有時候些微的改變還是可以接受的。不過，在某些情況下，僅僅是細微的變化，也可能帶來有害的後果。例如，有些人的血紅蛋白（紅血球中的一種蛋白質）的多肽鏈上出現一個錯誤的胺基酸，這種看似微小的錯誤就會引起鐮形血球性貧血症（sickle-cell anemia），這是一種遺傳疾病（因異常的紅血球具有像鐮刀般的彎曲外形而得名），會引起疼痛甚至有致命的危險。

　　在一條多肽鏈上，由於鄰近胺基酸之間的吸引力，導致局部的扭轉彎曲，使胺基酸長鏈上出現二級結構。當相似的胺基酸，例如甘胺酸和丙胺酸，在多肽鏈上彼此靠近時，容易形成 α 螺旋的二級結構。如下頁圖 13.16 所示，α 螺旋在連續的旋轉之間有氫鍵維持著螺旋的結構。含有許多 α 螺旋的蛋白質，例如羊毛，之所以能夠被拉長，是因為 α 螺旋具有彈簧般的特性。至於 β 褶板，則是當一些非極性的胺基酸（像是苯丙胺酸、纈胺酸）聚在一起時，便容易形成這種二級結構。含有許多 β 褶板的蛋白質，例如蠶絲，質地堅韌柔軟，但不容易延展。

　　一條多肽鏈上可能同時具有不同的二級結構，也就是說，有些部位可能出現 α 螺旋，有些部位可能出現 β 褶板。

　　三級結構指的是整條多肽鏈折疊起來後所產生的結構。和二級結構相同的是，三級結構也是靠胺基酸側基之間的各種化學引力，來維持結構。對某些蛋白質而言，例如下頁圖 13.17 中顯示的假想蛋白質，這些化學引力包括相對的半胱胺酸所形成的雙硫鍵。此外，發生在陰陽離子之間的離子鍵（或稱鹽橋）也是重要的引力。另外還有胺基酸側基之間的氫鍵，以及非極性側基之間的感應偶極力（例如苯丙胺酸和纈胺酸側基之間的引力），也對三級結構的維持有貢獻。由於感應偶極力似乎會排斥水分子，因此這種作用又叫做疏水引力。

　　蛋白質分子與水溶液（例如細胞液或血液）之間的親水引力，也會幫助維護三級結構。當蛋白質溶解於水溶液中，多肽鏈上的非極性側基自然而然的轉向分子內部，把有極性的側基暴露在外，與周遭的水分子接觸。

圖 13.16
蛋白質的四種結構層級。

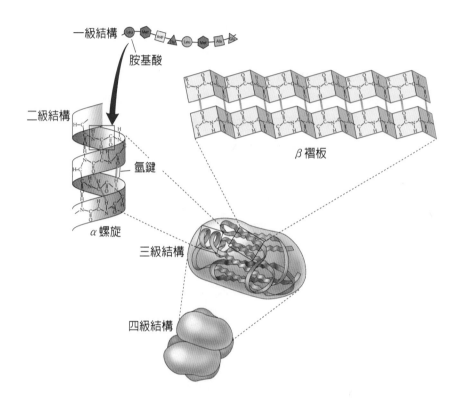

圖 13.17
維持多肽鏈三級結構的各種化學作用力。

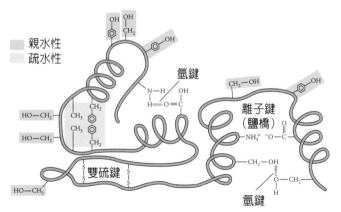

　　角蛋白是毛髮和指甲中主要的成分，這種蛋白質藉由相鄰 α 螺旋之間的雙硫鍵，來鞏固三級結構，請見圖13.18。角蛋白中的雙硫鍵愈多，它的質地就愈堅韌。一般來說，粗髮質中所含的雙硫鍵比細髮質多。指甲的道理也相同，愈硬的指甲表示裡面所含的雙硫鍵愈多。

　　雙硫鍵可使毛髮維持某種特定的形狀，例如捲髮。圖13.19顯示燙髮的過程中，角蛋白發生了改變，使髮型由原來的直髮變成捲髮。首先，我們以還原劑處理頭髮，切斷原有的雙硫鍵。這個步驟通常會出現難聞的味道，因為硫被還原成有臭味的硫化氫。不過，切斷了原有的雙硫鍵，能夠讓毛髮中的角蛋白變得柔軟而有可塑性。接著，再用髮捲或是平板，將頭髮塑造成想要的形狀，例如大波浪狀或是筆直的長髮。然後以氧化劑處理頭髮，使雙硫鍵重新產生，於是新的髮型便藉由新生的雙硫鍵被固定下來。

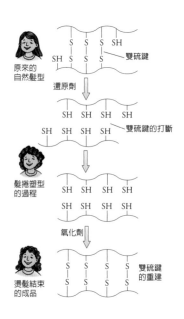

圖 13.19
燙髮的過程中牽涉到雙硫鍵的打斷與重建。

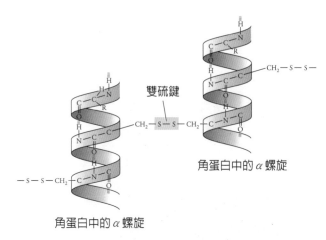

圖 13.18
平行的多肽鏈之間，可藉由兩個半胱胺酸所形成的雙硫鍵互相連結起來。

　　兩個相鄰 α 螺旋之間的氫鍵，也是促成角蛋白質地堅韌的重要因素之一。當角蛋白遇水變濕時，這些氫鍵會遭破壞，這說明了爲何指甲泡水會變軟。頭髮在水中也會變軟，當水分子滲進 α 螺旋之間，造成各條多肽鏈在雙硫鍵允許的範圍內，彼此滑動。當水分子蒸發後，相鄰 α 螺旋之間的氫鍵會重新建立，使頭髮再度回復原來的形狀；當然，除非你的頭髮有使用外力（例如髮捲）塑造成不同的形狀。不過，把頭髮弄濕後所塑造的新髮型，只是暫時性的改變，因爲 α 螺旋之間的雙硫鍵，終究會把頭髮拉回原來的樣子。有趣的是，頭髮內少量的水分會增強 α 螺旋之間的分子引力，因此捲髮在濕暖地帶比在乾燥地帶還持久。

　　許多蛋白質含有二條或更多條多肽鏈，這些多肽鏈之間的鍵結與交互作用，使蛋白質出現四級結構。一個很明顯的例子是血紅蛋白（請見圖 13.20），這是紅血球中負責運輸氧氣的分子。血紅蛋白是由四條多肽鏈構成的複合物，每條多肽鏈所折疊起來的構造中，都緊緊裹住一個含鐵的血紅素（heme）。

◖▷ 圖 13.20
這是電腦繪製的血紅蛋白四級結構圖。此蛋白中含有四條互相連結在一起的多肽鏈，圖中以不同的顏色來顯示。電腦幫助科學家看到蛋白質複雜的立體結構，可說是研究生物分子的重要工具。

血紅素
Fe++

多肽鏈

觀念檢驗站

請描述血紅蛋白的一級、二級、三級、四級結構分別是什麼。

你答對了嗎？

血紅蛋白的一級結構就是它每一條多肽鏈上的胺基酸序列。每一條多肽鏈上出現扭轉的 α 螺旋，是二級結構。所有的 α 螺旋經折疊後產生近似球體的形狀，便是三級結構。當四條多肽鏈折疊成的球體兜在一起後，便形成四級結構。

蛋白質的四種結構層級：	
構造	說明
一級構造	胺基酸序列
二級構造	α 螺旋或 β 褶板
三級構造	單一條多肽鏈所折疊起來的形狀
四級構造	一條以上的多肽鏈組合起來的整體形狀

　　蛋白質只有在特定情況下，例如特定的 pH 值和溫度，才具有活性。如果改變了這些條件，可能會破壞蛋白質分子內部的化學引力，使蛋白質失去原有的結構，導致生物功能的損毀。一個失去原來結構的蛋白質可以說是「變性」（denatured）的蛋白質。例如，一顆熟透的水煮蛋，裡面的蛋白質已完全變性，無法再提供胚胎發育之需。儘管原有的原子還存在，但它們的排列與空間方位已經大不同了。

酵素是生物的催化劑

　　酵素是一群可以催化（加速）生化反應的蛋白質。它們的功能與它們的結構大有關係。當你把一張紙揉成一團時，可以看見許多凹凸起伏的角落；同樣的，在酵素分子的表面上，也出現類似的情形。有些下陷的角落叫做受體部位，可以容納反應物，即所謂的受

質（substrate）。就像把手伸進手套中，受質分子必須具有適當的形狀，才能塞進受體部位。在受體部位裡，氫鍵的引力會抓住受質，使受質可以在此被活化，促使反應進行。稍後，反應生成的產物分子將被釋出，使受體部位又空出來，準備提供給下一個受質分子使用。圖13.21中，顯示蔗糖酶這個酵素如何將蔗糖分解為兩個單糖（葡萄糖和果糖）。一旦蔗糖與蔗糖酶上的受體部位結合，蔗糖酶就會協助打斷葡萄糖和果糖之間的共價鍵。蔗糖酶的做法是，以某種方位抓住蔗糖分子，然後改變葡萄糖和果糖的共價鍵上的電子特徵，好讓組織中無處不在的水分子靠近時，共價鍵可以輕易就斷裂開來。最後，葡萄糖和果糖將從酵素中被釋出，蔗糖酶便可以再催化下一個蔗糖分子的分解反應。

圖 13.21
蔗糖（受質）在與蔗糖酶的受體部位結合後，將被分解成兩個單糖，即葡萄糖與果糖。

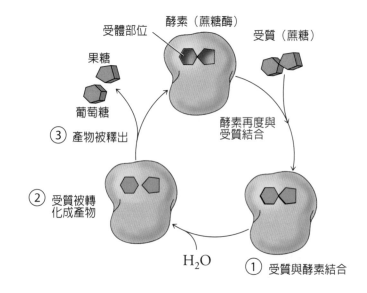

　　雖然蔗糖酶酵素的作用是協助分解受質分子，但有些酵素卻是協助受質分子結合起來。不論是分是合，酵素是很有效率的生物分子，只要單一個酵素，每秒就能催化幾千個、甚至幾百萬個受質。若是沒有酵素，大多數的生化反應無法以夠快的速率來進行，以提供生命所需。

　　影響酵素活性的東西叫做抑制子。抑制子可以跟酵素結合，因而阻礙受質與酵素的結合。抑制子是細胞代謝的重要調節物質。在很多情況下，抑制子本身是酵素催化反應中的產物。一旦酵素催化形成的產物達到一定濃度時，催化反應就會漸漸停擺下來，因為它的產物會出面擔任抑制子的角色。下一章我們將會看到，有很多藥物可以當作一種酵素抑制子，或者是模仿酵素的天然受質，它們透過這些原理來達到治療的目的。

13.5　核酸帶有合成蛋白質的密碼

　　我們的身體是由蛋白質打造而成的，從微小的細胞組成物（例如酵素、胞器），到肉眼可見的骨骼、毛髮、皮膚、牙齒等，都有蛋白質的貢獻。儘管 20 種胺基酸可以隨意組合出無限種的多肽鏈分子，但我們的身體似乎只會根據特定的胺基酸順序，來製造特定結構的蛋白質，以執行各種生物功能。

　　想瞭解體內這麼多種特定蛋白質是怎麼產生的，你得先瞭解**核苷酸**和核酸是怎麼回事。下頁圖13.22顯示核苷酸是組成核酸的基本單位，它是由磷酸基、核糖和含氮鹼基所構成。（別擔心這些陌生的名詞，核糖是一種五碳糖，含氮鹼基也在稍後會提到。）一個

核酸分子是由核苷酸單元構成的聚合物。生物體的所有細胞幾乎都含有核酸，核酸上帶有建構各種蛋白質所需的訊息，可以說蛋白質是根據核酸的指示來製造的。

生物的核酸遺傳自雙親，這說明了為何子代與親代會如此相像。所謂龍生龍，鳳生鳳，老鼠生的兒子會打洞；你看，大熊生小熊，海豹生小海豹，人類生小嬰兒，有了這些核酸分子的指引，一點都不會有差錯。

右頁圖13.23顯示兩種主要的核酸之間的差異，在於構成核苷酸的核糖有別。在五碳糖上少一個氧原子的核苷酸單元，會構成**去氧核糖核酸**（deoxyribonucleic acid），或簡稱DNA。這種聚合物是動、植物主要的遺傳訊息來源，它們存在細胞核及粒線體中。至於五碳糖上相對應的同一個碳上，帶有氧原子者，將形成**核糖核酸**（ribonucleic acid），簡稱RNA，如圖 13.23 b 所示。這類聚合物大多存在於細胞核之外的細胞質中，在那裡把胺基酸一個一個串連成蛋白質。

圖 13.22
核酸分子是由核苷酸單元構成的聚合物，每個核苷酸包含一個含氮鹼基、一個核糖、及一個磷酸基。

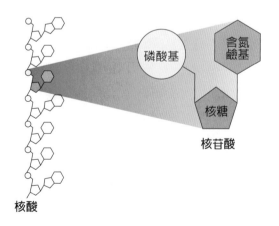

　　DNA聚合物中包含四種核苷酸（請見圖13.23 a），這四種核苷酸的差別在於所含的氮鹼基不一樣，分別是腺嘌呤（A）、鳥糞嘌呤（G）、胞嘧啶（C）、胸腺嘧啶（T）。RNA也由四種核苷酸組成（請見圖13.23 b），RNA核苷酸所含的含氮鹼基與DNA核苷酸的相同，但是RNA核苷酸沒有胸腺嘧啶，取而代之的是尿嘧啶（U），這種含氮鹼基的結構，僅與胸腺嘧啶的結構稍微不同。

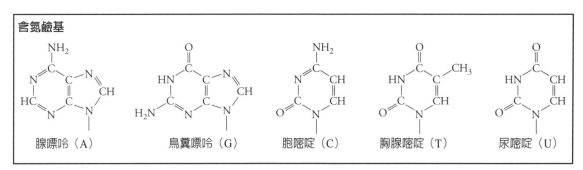

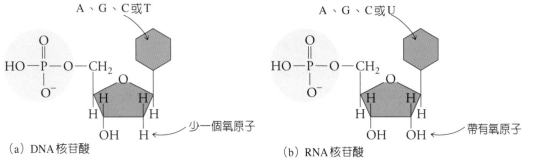

(a) DNA核苷酸　　(b) RNA核苷酸

圖13.23
（a）DNA的核苷酸上的核糖，在某個碳上缺少一個氧原子。它的四種含氮鹼基分別是腺嘌呤、鳥糞嘌呤、胞嘧啶、胸腺嘧啶。　（b）RNA的核苷酸上的核糖，並未缺少氧原子。它的四種含氮鹼基分別是腺嘌呤、鳥糞嘌呤、胞嘧啶、尿嘧啶。

DNA核苷酸與RNA核苷酸在結構上有哪兩點不同？

你答對了嗎？

所有的DNA核苷酸都在核糖上缺少一個氧原子，此外，它的含氮鹼基有四種：腺嘌呤、鳥糞嘌呤、胞嘧啶、胸腺嘧啶。RNA核苷酸的核糖上並未缺少氧原子，它的含氮鹼基有四種：腺嘌呤、鳥糞嘌呤、胞嘧啶、尿嘧啶。

DNA是生命的模板

　　說起當代遺傳學的起源，要推回1850年代，當時有一位奧地利神父名叫孟德爾，利用修道院的庭園種植豌豆，而發現豌豆的各種性狀（例如花色、高低莖），可以從這一代遺傳到下一代。孟德爾從研究中發現，遺傳性狀可以透過獨立的單位（後來被稱做基因），從親代傳給子代。到了1900年代初期，研究人員把這種可遺傳的單位，與細胞內的微構造：**染色體**，聯想在一起。染色體是由很長很長的DNA纏繞著蛋白質所構成的物質，出現在細胞準備分裂時。（請見右頁圖13.24）。後來，科學家發現，每一個基因都住在某條染色體的某個特定位置上。親代的染色體經由複製傳給子代，使染色體上的基因得以遺傳到下一代。

　　在1940年代之前，人們還不知道染色體上，究竟是DNA還是蛋白質才是遺傳訊息的攜帶者。起初大多數的研究者都認為，蛋白質的

種類繁多，比較可能成為遺傳物質。不過，就在那個年代，科學家發現 DNA 是含有腺嘌呤、鳥糞嘌呤、胞嘧啶、胸腺嘧啶等鹼基的聚合物。由於這些鹼基在 DNA 長鏈上，可以出現各種排列順序，其變化的可能性非常多，使科學家轉而猜測 DNA 才是遺傳訊息的攜帶者。

　　1953 年，美國生物學家華森（James D. Watson，1928-）和英國生物物理學家克里克（Francis Harry Compton Crick，1916-2004），共同推衍出 DNA 分子的結構，他們指出 DNA 是由兩條核苷酸長鏈互相纏繞而成的雙螺旋分子，請見下頁圖 13.25。這種雙螺旋的結構是藉由相對鹼基之間的氫鍵來維持。

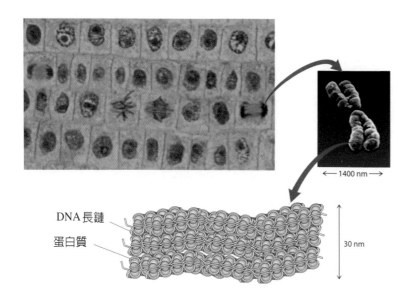

◁ 圖 13.24
正在進行細胞分裂的洋蔥細胞，從中可以清楚看到由 DNA 纏繞著蛋白質所構成的染色體。在細胞分裂期間，染色體會發生複製，以確保每個子細胞都得到一套完整的染色體，與母細胞一樣。

← 1400 nm →

DNA 長鏈
蛋白質

30 nm

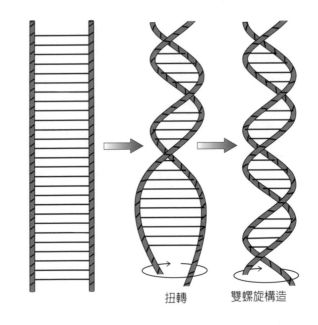

扭轉　　　雙螺旋構造

　　華森和克里克提出的模型有一個重點是：兩股DNA之間的氫鍵
不是隨意發生的，而是發生在特定的鹼基對中，也就是說某股的鳥
糞嘌呤（G）只會與另一股的胞嘧啶（C）形成氫鍵（反之亦然）；
而某股的腺嘌呤（A）也只會與另一股的胸腺嘧啶（T）形成氫鍵
（反之亦然）。簡單說就是，G只與C配對，A只與T配對，請見右頁
圖13.26。這表示如果你知道某一股的核苷酸序列，自然就可以推知
另一股（或稱互補股）上面的核苷酸序列。例如某一股上出現
CTGA這樣的序列，它的互補股一定會出現GACT這樣的序列。

　　在活的組織中，細胞藉由分裂來自我複製。在一個成熟中的個體，細胞必須經常分裂，以供個體生長發育。在已成熟的個體中，細胞分裂的速率只要夠用來遞補老死的細胞即可。無論如何，每次細胞進行分裂時，遺傳物質都得保留下來。在所謂「**複製**」的過程中，DNA 的雙股必須經過複製，以確保稍後新形成的兩個子細胞都能得到一份完整的遺傳物質。複製可以使 DNA 在親代與子代之間代代相傳下去。

　　華森和克里克根據這個雙螺旋的模型提出：DNA 的複製從解開雙螺旋結構開始。然後每一條單股 DNA 當作一個模板，游離的核苷酸根據「G 配 C、A 配 T」的法則，與解開的單股 DNA（模板）配對，以合成互補股 DNA，最後產生兩條相同的雙螺旋 DNA，請見下頁圖 13.27。隨著細胞分裂，新形成的兩個子細胞將分別得到一條雙螺旋 DNA。

　　由於解開 DNA 的結構與功能之謎，華森和克里克於 1962 年，與韋爾金斯（Maurice Wilkens，1916-2004，英國生物物理學家）同獲諾貝爾生理醫學獎〔當時華森和克里克大量仰賴其他研究者的實驗證據，除了韋爾金斯外，最著名的是英國物理化學家法蘭克林（Rosalind Franklin，1920-1958，她的生平請參閱《DNA 光環背後的奇女子》一書）。可惜法蘭克林與諾貝爾獎無緣，因為這項榮譽從不頒發給已過世的人〕。在華森與克里克等人之後，後繼的研究很快的發現，DNA 上的核苷酸序列如何轉譯成蛋白質的胺基酸序列。

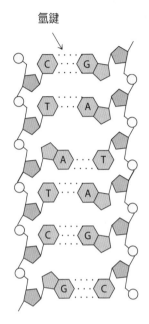

氫鍵

🔼 圖 13.26
DNA 兩股核苷酸長鏈藉由互補鹼基之間的氫鍵相結合：即鳥糞嘌呤（G）與胞嘧啶（C）形成氫鍵，腺嘌呤（A）與胸腺嘧啶（T）形成氫鍵。

圖 13.27
DNA 的複製：①DNA 解開雙螺
旋結構。②每一條單股 DNA 做
為模板，提供互補 DNA 合成所
需的訊息。③形成兩個新的雙
螺旋，每一個雙螺旋包含一條新
股 DNA 與舊股 DNA。

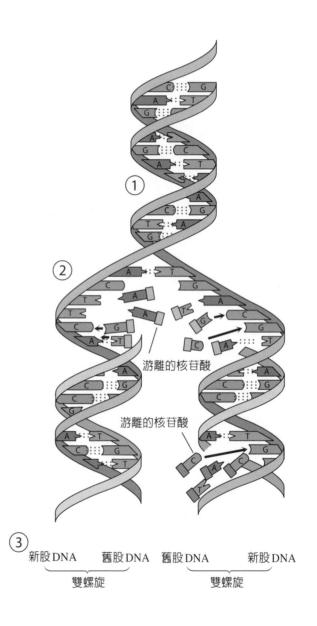

一個基因決定一條多肽鏈的胺基酸序列

我們在 13.4 節中已知，蛋白質分子的形狀取決於蛋白質的一級結構，也就是它的胺基酸序列。那麼又是什麼東西決定蛋白質的胺基酸序列呢？這個問題的答案就是基因，現在我們就來瞧瞧基因是什麼東西。

所謂的「**基因**」，是指染色體上的 DNA 裡的某一段特定的核苷酸序列。每個基因上，都載有合成一個或多個蛋白質的密碼。當然，每一種生物都需要很多種基因，來產生各種維持生命所需的蛋白質。好比說，在一個人類細胞中，46 條染色體上所包含的基因總數，差不多有 40,000 個。為了容納這麼多個基因，每個 DNA 分子都相當的長，其中大約含有三十一億個鹼基對。有趣的是，構成基因的核苷酸數量僅占 DNA 的 20%，其餘 80% 的核苷酸主要是用來充當間隔物，把不同的基因區隔開來。至於這些間隔物是否還有其他功用，目前尚未清楚。

RNA 主要負責蛋白質的合成

從 DNA 核苷酸的序列要轉譯成蛋白質的胺基酸序列（換句話說就是從 DNA 要合成蛋白質），牽涉到許多複雜的細胞機制，這些機制目前仍是科學家研究中的重要主題。不過，這整個過程在觀念上是很直截了當的，它包含了兩個步驟：先轉錄，再轉譯。這中間需要透過另一種重要的核酸（即 RNA）的協助，RNA 有三種形式：信使 RNA（簡稱 mRNA）、核糖體 RNA（簡稱 rRNA）、轉移 RNA（簡稱 tRNA）。

　　蛋白質的合成起始於細胞核內的**轉錄**作用，請見右頁圖13.28。在這個過程中，細胞製造出一條單股的信使RNA。基因上所攜帶的遺傳訊息，會指定這條信使RNA上的核苷酸序列。在轉錄的過程中，這段載有基因的DNA會解開雙螺旋結構，然後藉由酵素的幫忙，將游離的RNA核苷酸與某單股DNA結合，其中也是根據與DNA複製時相似的鹼基配對法則，但有個不同點。我們已知在DNA上，每個胞嘧啶（C）會與鳥糞嘌呤（G）配對（反之亦然），每個胸腺嘧啶（T）會與腺嘌呤（A）配對（反之亦然）。但在形成RNA的過程中，C配G、G配C、T配A，都和DNA複製時一樣，唯有當A出現時，它會去抓U（尿嘧啶）來配對，而不是T（胸腺嘧啶）。於是信使RNA便由G、C、A、U四種RNA核苷酸構成。如此產生的mRNA在構形上與DNA迥異，因為RNA核苷酸的核糖上多了一個氧，結果造成mRNA不會與DNA結合。於是這個充滿訊息的mRNA稍後會擺脫DNA，並離開細胞核，進入細胞質中，在那裡進行蛋白質的合成工作。

　　轉錄之後緊接著是**轉譯**，新合成mRNA上的核苷酸序列會決定蛋白質的胺基酸序列，關鍵在於遺傳密碼的解讀。1966年時，科學家把所有的遺傳密碼都解讀出來，請見右頁圖13.29。根據遺傳密碼的法則，每三個mRNA的核苷酸會對應到一個胺基酸，這三個核苷酸單位構成一個「密碼子」。好比說，mRNA的核苷酸序列是AGU，它所對應的胺基酸是絲胺酸，若是AAA，則對應到離胺酸。（請注意，從圖13.29中可以看見，同一個胺基酸可能來自一個以上的密碼子。）還有一些特殊的密碼子，像是AUG和UGA，分別負責蛋白質合成的起始和結束。

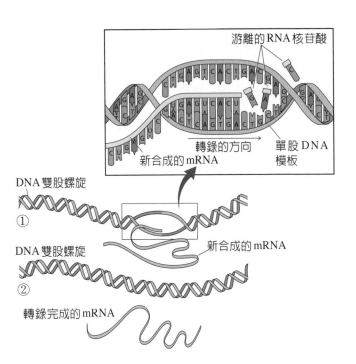

圖 13.28
轉錄的過程類似DNA的複製，不同的是兩股DNA中只有一股被抄錄，而且新合成的mRNA單股，不會與它的DNA模板相結合。

游離的RNA核苷酸

轉錄的方向　　單股DNA模板
新合成的mRNA

DNA雙股螺旋
①

DNA雙股螺旋
②

新合成的mRNA

轉錄完成的mRNA

圖 13.29
RNA上的密碼子是由三個核苷酸構成的單位，其中有的對應到特定的胺基酸，有的對應到起始或終止蛋白質合成的訊號。例如密碼子CUA是對應到白胺酸。

	U	C	A	G	
U	UUU UUC } Phe	UCU UCC } Ser	UAU UAC } Tyr	UGU UGC } Cys	U C
	UUA UUG } Leu	UCA UCG	UAA 終止 UAG 終止	UGA 終止 UGG Trp	A G
C	CUU CUC } Leu	CCU CCC } Pro	CAU CAC } His	CGU CGC } Arg	U C
	CUA CUG	CCA CCG	CAA CAG } Gln	CGA CGG	A G
A	AUU AUC } Ile	ACU ACC } Thr	AAU AAC } Asn	AGU AGC } Ser	U C
	AUA AUG 起始	ACA ACG	AAA AAG } Lys	AGA AGG } Arg	A G
G	GUU GUC } Val	GCU GCC } Ala	GAU GAC } Asp	GGU GGC } Gly	U C
	GUA GUG	GCA GCG	GAA GAG } Glu	GGA GGG	A G

圖13.29中的表格可以讓你很快找到哪一組密碼子對應到哪一種胺基酸。它的使用方法是這樣的：首先把你的手指沿著左側的橘紅條區向下移動，找出密碼子的第一個字母，再把你的手指向右移動，在黃條區中找到密碼子的第二個字母，然後把手指上下移動，從淡藍條區中找到密碼子的第三個字母，如此就可以得到該密碼子所對應的胺基酸種類。

轉移RNA是轉譯過程中的要角，這是一個多角度的分子，如圖13.30所示。細胞內有許多tRNA分子以及游離的胺基酸（來自食物中的蛋白質被分解）。在每個tRNA下方的端點上有三個核苷酸，會與mRNA上的密碼子互補，這三個tRNA上的核苷酸叫做「反密碼子」。在tRNA另一端是胺基酸的附著點，這個點具有專一性，僅能攜帶某種特定的胺基酸。例如，一個含有特定反密碼子的tRNA只會黏附甘胺酸，另一個含有不同反密碼子的tRNA只會黏附丙胺酸。

📖 圖13.30
轉譯過程需要轉移RNA的協助。（a）這是轉移RNA的分子結構，一端是反密碼子，另一端是胺基酸的附著點。（b）這是經過簡化的tRNA分子，在此可以見到由三個核苷酸構成的反密碼子，與mRNA上的密碼子互補，而tRNA的另一端附著特定的胺基酸。由此可知mRNA的密碼子透過tRNA對應到特定的胺基酸。

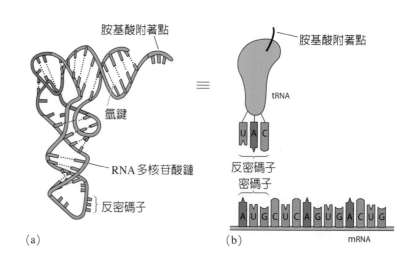

當 mRNA 在細胞核形成後，它會離開細胞核，進入細胞質中，與一種叫做「核糖體」的特殊構造結合，請見次頁圖 13.31。核糖體是由 rRNA 與蛋白質結合成的微小複合物，它們是蛋白質的製造工廠。當核糖體沿著 mRNA 向前移動時，游離 tRNA 的反密碼子過來與 mRNA 上的密碼子結合，如此每個 tRNA 所黏附的胺基酸便沿著 mRNA 一個接一個的形成鍵結，最後合成一條多肽鏈分子，並與 tRNA 分離。這樣的轉譯過程一直持續到 mRNA 上出現終止密碼子為止，這時沒有 tRNA 反密碼子可與之互補。到此，一個新蛋白質的一級結構可說大功告成了。

觀念檢驗站

Q

AUG CUU AAA AGU CAA GCA UAA 這個 mRNA 序列中含有多少個密碼子？可以轉譯成哪幾個胺基酸？

你答對了嗎？

A

一個密碼子是由三個 mRNA 核苷酸構成，所以這個序列含有七個密碼子。已知每個密碼子對應一個胺基酸，但由於第一個和最後一個密碼子分別是起始與終止轉譯的訊號，所以這個序列只會轉譯出五個胺基酸，它們是白胺酸—離胺酸—絲胺酸—麩醯胺—丙胺酸。

56
觀念化學 4

基因工程

　　既然已知核酸如何指示蛋白質的合成，研究人員便開始發展一些工具，來改造這個過程或找尋基因的所在地。這些透過基因操作，來完成研究或應用目的的活動，我們統稱為基因工程。從治療人類疾病、提供考古證據，到培育新種農作物等，都可以利用這項技術。早期基因工程最重要的進展之一，就是發現一群特殊的酵素，叫做限制酶（restriction enzyme），它能把 DNA 長鏈剪成幾個較短的片段。限制酶住在細菌和病毒體內，擔任著自衛的工作。當外來的 DNA 分子入侵，限制酶會分解它們，以保護宿主。大多數的限制酶可以辨識外來 DNA 的特定核苷酸序列。在任何 DNA 上，這些特定的核苷酸序列會隨機出現很多次。限制酶看準這些特定部位，把自己拴上去，然後在 DNA 雙螺旋結構上剪一刀。

圖 13.31
mRNA 就是在核糖體上被轉譯成多肽鏈，中間必須藉由 tRNA 的協助。

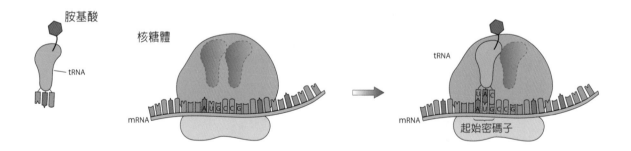

① mRNA 附著在核糖體上　　　　　　② tRNA 上的反密碼子與 mRNA 上的密碼子配對

次頁圖 13.32 顯示，當限制酶把 DNA 剪成若干片段後，可以再藉由膠體電泳（gel electrophoresis）這種技術，把各個 DNA 片段分開來。DNA 片段的分離依據的是分子大小的差異；而電泳的原理則是利用了核酸帶負電的特性，因此在通電後會往正極移動。當膠體中的核酸往正極移動時，較短的 DNA 片段游得比較快，較長的 DNA 片段游得比較慢，藉此把大小不同的 DNA 區分開來，使膠體上出現一系列的條狀物，而每一條狀物中，都含有大小相當的 DNA 片段。這些條狀物的分布圖，代表著某種特定的限制酶與某種特定的 DNA 所產生的結果。假如你把各種 DNA 用一系列不同的限制酶去處理它，那麼在膠體電泳中，那些條狀物的分布情形，會出現相當複雜且十分獨特的圖樣，不只是物種與物種之間會有差異，就連個體與個體之間的差異也很大。就好比法醫所稱的「DNA 指紋」，正是膠體電泳圖的應用例子之一，可以用來辨識可疑的兇手。

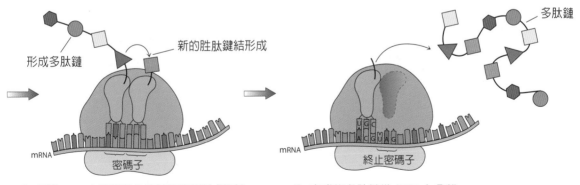

③ 相鄰 tRNA 上所攜帶的胺基酸彼此形成鍵結　　④ 完成的多肽鏈從 tRNA 上分離

▷ 圖 13.32
利用膠體電泳將一系列 DNA 片段
區分開來,所得到的電泳圖。

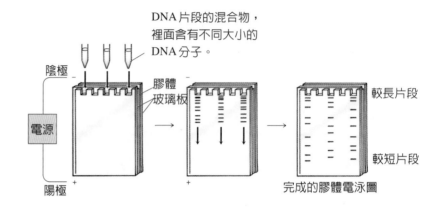

限制酶所辨識的核苷酸序列往往呈對稱的狀態,也就是說,
DNA 的兩股具有相同的鹼基序列,只是方向相反,請看圖中這個例
子,對稱的鹼基以藍色字母表示:

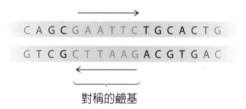

某些限制酶在對稱的序列上,會以錯開的方式剪開 DNA 雙螺
旋,使 DNA 兩股被剪開的位置發生在不同的地方,請見圖 13.33 的
最上方。這種錯開的剪法所產生的 DNA 片段,會出現一股比另一股
長的情形,於是產生兩個單股的末端,叫做黏端(sticky end)。因為
這兩個單股末端有互補的鹼基序列,所以容易再重新黏合起來。

　　黏端可以使來自不同生物的 DNA 結合起來，形成所謂的**重組
DNA**（recombinant DNA）請見圖 13.33。重組 DNA 的過程，是先將來
自不同生物的 DNA 分子，以相同的限制酶切割成兩套具有相同黏端
的 DNA 片段；把這些片段混合後，黏端上互補的鹼基對會結合起
來，就形成了新的 DNA。

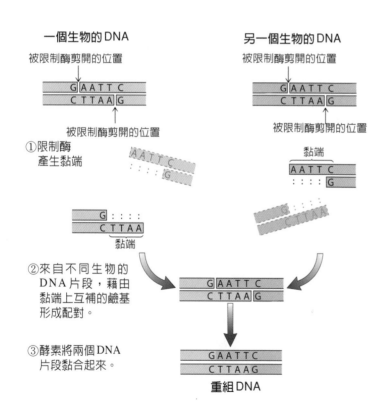

圖 13.33
重組 DNA 的形成

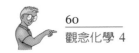

觀念檢驗站

限制酶是什麼？它們有什麼功能？科學家如何利用這些功能？

你答對了嗎？

限制酶是一群能夠剪開 DNA 雙螺旋的酵素，它們出現在細菌和病毒體內，做爲一種自我防禦的工具。科學家利用限制酶來把不同生物的 DNA 片段銜接在一起。

重組 DNA 的技術有一個很重要的應用，就是能夠大量製造經過篩選的 DNA 片段，例如人類的基因。它的做法是把想要的 DNA 片段（或稱目標 DNA）塞入細菌的 DNA 中，藉由細菌的繁殖過程，複製出大量的目標 DNA。這種技術叫做**基因選殖**（gene cloning），是目前生物實驗室中常見的工作，請見右頁圖 13.34。藉由大量繁殖含有目標基因的細菌，來複製大量的目標基因，意味著這些基因將指示大量的蛋白質產生。

目前，很多種在醫療上不容易取得的重要蛋白質，都以這種方式大量製造中。例如，用於治療糖尿病的人類胰島素、用於治療骨質疏鬆症及孩童成長遲緩的人類生長激素；以及用於治療燒燙傷、使皮膚再生的表皮生長因子；還有可能具有抗癌功效的干擾素；以及牛的生長激素，可使牛奶產量提高 20%。

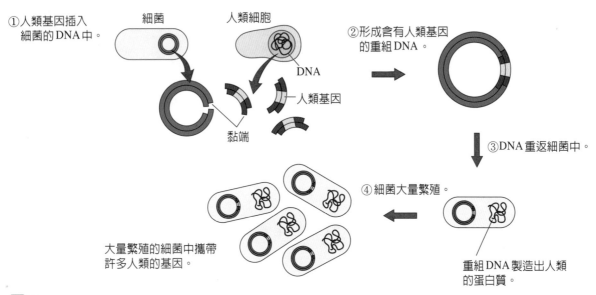

①人類基因插入細菌的DNA中。

細菌

人類細胞

DNA

人類基因

黏端

②形成含有人類基因的重組DNA。

③DNA重返細菌中。

④細菌大量繁殖。

大量繁殖的細菌中攜帶許多人類的基因。

重組DNA製造出人類的蛋白質。

🏠 圖 13.34

一個人類基因插入細菌DNA中進行基因選殖的過程。

　　重組DNA技術有很多可能的用途。在第15章中我們將探討到，農作物可以藉由這種技術，培養出抗蟲害及抗腐爛的品種。重組DNA技術還可以用來治療遺傳疾病，例如鐮形血球貧血症、肌肉萎縮症、囊腫性纖維化、紅斑性狼瘡，甚至能夠用來探討如何延緩人體老化的問題。

　　目前世界各地的科學家正在進行「人類基因組計畫」，想要把人類DNA上的所有基因都找出來，並確認它們的密碼所指示的蛋白質，如此將能幫助醫學發展，解決許多生老病死的問題（所謂的基因組，是指一個生物體內的所有基因）。2000年6月，「人類基因組

計畫」的團隊宣布,他們已將人類DNA上近乎三十一億個核苷酸鹼基對的序列定出來。這是一項劃時代的里程碑,與人類登陸月球一樣意義非凡。不過,想要從中辨識出人類所有的基因,以及它們所對應的蛋白質產物,恐怕還需要好幾十年的努力。無論如何,這是一項史無前例的成就,可以爲醫學發展帶來眞正的大躍進。同時,這項科學新知也將產生深遠的影響,同時引發諸多道德、哲學與宗教上的議題。

13.6 維生素是有機物,礦物質是無機物

除了碳水化合物、脂質、蛋白質及核酸之外,我們身體還需要維生素和礦物質,才能維持生命的正常運作。**維生素**是有機化合物,它協助各種生化反應,幫助人體維護健康。**礦物質**是無機化合物,在體內擔綱各種角色:其中有一些是生物分子裡的重要組成,例如血紅蛋白中的鐵;另外像骨骼中的鈣,則是骨骼結構中不可或缺的物質。缺乏維生素或礦物質,會導致一些疾病,例如缺乏維生素C,會出現壞血症,明顯的症狀是牙齦惡化;缺鐵則會導致貧血,使人渾身疲勞無力,且心跳不規律。

維生素可分爲脂溶性與水溶性兩類,請見右頁表13.2。脂溶性維生素容易聚積在脂肪組織中,而且可能一待就是好幾年。由於體內已經有這些維生素的庫存,成人比較不容易發生缺乏維生素所造成的疾病。至於孩童,由於他們還需要時間儲存這些維生素,因此比較容易因爲缺乏維生素而生病。在開發中國家,很多孩童因爲缺乏維生素A,而導致永久失明。

表13.2 人體所需的一些維生素		
維生素	功能	缺乏症
●脂溶性維生素		
維生素A（視網醇）	視紫質的前驅物；視紫質是產生視覺所需的化學物。能協助抑制細菌與病毒感染。	夜盲症。
維生素D（鈣化醇）	幫助人體吸收鈣質。	骨骼脆弱。
維生素E（生育酚）	抑制多元不飽和脂肪的氧化。自由基的清除者。幫助維持血液循環系統及神經系統。	血紅蛋白不足。
維生素K（葉綠醌）	維護血液凝結的能力。	異常出血。
●水溶性維生素		
維生素B群	在生長與製造能量的生化反應中扮演輔酶的角色。	各種神經和皮膚疾病、貧血。
維生素C（抗壞血酸）	抗氧化劑。協助抑制細菌和病毒感染。	壞血症。

　　儘管缺乏脂溶性維生素可能有害人體，但當體內脂溶性維生素過多時，也不利健康。特別是維生素A和D，當它們在體內愈積愈多時，可能導致中毒。太多維生素A會造成皮膚乾燥、身體不舒服、頭痛；過量的維生素D會導致腹瀉、噁心、關節和其他部位鈣化。維生素E和維生素K過量時，比較不會危害身體，因為它們很快就代謝掉了。

　　水溶性維生素不會在體內停留很久，相反的，由於它們易溶於水，很快就從尿液中排出，因此得經常補充。你不太可能因為攝取過量的水溶性維生素，而產生毒害，因為你的身體只吸收它所需要的量，其餘的都被排出體外。用水滾煮蔬菜，容易流失其中的維生素B和C，因為這些維生素易溶於水，當你撈起青菜，濾掉水分時，很多維生素B和C就跟著水流掉了。因此，現在很多人改採清蒸或微波爐加熱的方式，來攝取蔬菜的營養。此外，食物也不宜煮過熟或煮太爛，因為脂溶性維生素和水溶性維生素都會受到高溫的破壞。

　　所有的礦物質都來自各種元素的離子化合物。我們根據人體所需的量，來劃分礦物質的種類。所謂的巨量礦物質（macromineral），是指那些人體需要量很大的礦物質，它們大約占我們體重的4%。右頁表13.3列出了巨量礦物質的一部分。人體所需的巨量礦物質是以公克為計算單位；而我們每天所攝取的微量礦物質（trace mineral），則是以毫克來計算的。在微量礦物質之外，還有超微量礦物質（ultratrace mineral），這時我們以微克或甚至皮克（10^{-12} 公克）做為計算單位。

　　人體內的礦物質必須維持在平衡的狀態，也就是說太多或太少都有害。當攝取大量的超微量礦物質，尤其有害健康，例如，鎘、

表13.3 人體所需的一些巨量礦物質

巨量礦物質（離子形式）	部分功能	缺乏症
鈉（Na^+）	攜帶分子穿越細胞膜；神經功能。	肌肉痙攣、胃口變差。
鉀（K^+）	攜帶分子穿越細胞膜；神經功能。	肌肉無力、麻痺、噁心、心臟衰竭。
鈣（Ca^{2+}）	骨骼和牙齒的形成；神經和肌肉的功能。	生長遲緩、骨質流失。
鎂（Mg^{2+}）	酵素的功能。	神經系統毛病。
氯（Cl^-）	攜帶分子穿越細胞膜；消化液；神經功能。	肌肉痙攣、胃口變差。
磷（$H_2PO_4^-$）	骨骼和牙齒的形成；核苷酸的合成。	體弱、鈣質流失。
硫（SO_4^{2-}）	胺基酸的組成物。	缺乏蛋白質。

鉻、鎳都是很強的致癌物，而砷也是有名的有毒物質。但想要保持身體健康，還是免不了要這些元素，只是所需的量很微少。均衡的飲食往往是獲取均衡礦物質的最佳途徑。你或許可以攝取礦物質補充品，但你得謹慎拿捏用量。

　　我們飲食中最常見的兩種礦物質是鉀離子和鈉離子。這兩種離子參與神經訊號的傳遞，也協助分子進出細胞。為了維護健康，我們需要的鉀離子比鈉離子多。其他的生物也一樣，包括我們所吃的

動植物。當我們以天然的方式來攝取這些動植物，不添加任何東西，也沒有過度的加工，我們很容易就可以攝取到比鈉離子還多的鉀離子，以符合健康身體的需要。因為在這些動植物體內，原本就具有鉀離子比鈉離子多的條件。但是，當我們以水煮或油炸的方式來烹調食物時，鉀離子和鈉離子都會隨著它們的溶液一起流失。在食物中摻鹽巴，則會讓體內的鈉離子濃度遠超過鉀離子濃度，因為鹽巴是由氯化鈉構成的物質。

另一種飲食中重要的礦物質是磷，人體以磷酸 $H_2PO_4{}^-$ 的形式吸收。還記得圖 13.22 中所顯示的，磷酸根是核酸的組成物之一，與核糖分子構成核酸的骨幹。此外，磷酸也是能量分子腺苷三磷酸（ATP）的組成物，請見右頁圖 13.35。在碳水化合物、脂質、蛋白質氧化的過程中，會產生 ATP 這種能量分子，這是生物世界共通的能量貨幣。

ATP 是體內大多數耗能反應的能量來源，從組織的建構、肌肉的收縮、神經衝動的傳遞、製造熱能，到把分子輸入及輸出細胞，都需要消耗 ATP。人體每天需要用掉大量的 ATP，好比說在激烈運動時，每分鐘需要耗損 8 公克左右的 ATP。ATP 是很短命的分子，很快就消耗掉了，因此必須不斷的製造。目前，生化學家已找出許多食物氧化後產生 ATP 的化學途徑。

很多有毒物質的作用在於中斷 ATP 的合成反應。例如有害的一氧化碳，它會與血紅蛋白中的鐵結合，阻礙血紅蛋白攜帶氧氣的能力。身體之所以需要氧氣，是因為它可以氧化碳水化合物、脂質、蛋白質，產生 ATP。所以如果沒有氧，身體就會因為缺乏能量分子 ATP，而很快的死亡。氰化物也會阻礙 ATP 的合成，但它的方式是去破壞參與 ATP 合成的重要酵素，使 ATP 無法生成。有趣的是，身

體也利用 ATP 來使收縮的肌肉鬆弛。當人體死亡，無論出於什麼原因，ATP 的合成會立刻終止，使全身的肌肉僵硬，這就是法醫學上所稱的「屍僵」。

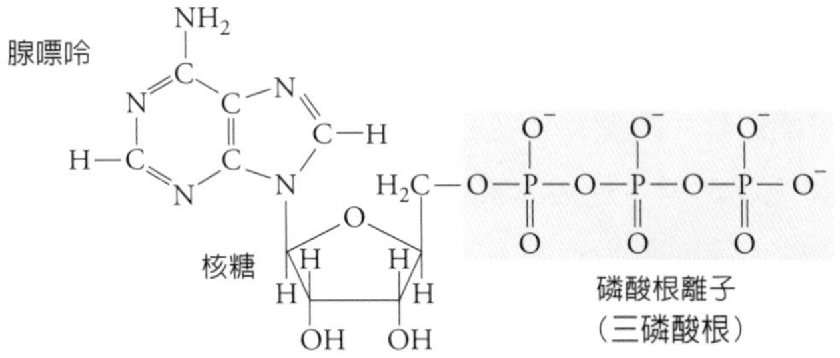

腺苷三磷酸（ATP）

圖 13.35
磷酸根離子是 ATP 分子的重要組成。

13.7 代謝：生物分子在體內走一遭

你的身體在攝取食物中的生物分子後，會將它們分解成更小的分子，然後就會發生兩件事情：要嘛你的身體會燃燒這些小分子，來取得其中的能量，這種過程叫做「細胞呼吸作用」；或者你的身體把這些小分子當作基本建材，來合成你自己的碳水化合物、脂質、蛋白質及核酸。這些生化活動的總稱就是所謂的「**代謝**」。代謝可分為兩種：分解作用（異化作用）和合成作用（同化作用），第69頁圖 13.36顯示生物體內主要的分解與合成途徑。

那些牽涉到把生物分子分解的反應都叫做**異化作用**，食物的消化作用與細胞呼吸作用都屬於這類反應。消化始於食物分子的水解，也就是利用水分子，切開大分子的化學鍵，產生許多小分子，例如把澱粉分解成葡萄糖。然後小分子再移動到全身各處的細胞內，參與細胞的呼吸作用。在呼吸作用中，這些小分子把電子轉移給從肺部進來的氧，然後再分解成更小的二氧化碳、水、氨等分子，排出體外。在這過程中，將會產生高能分子，像是ATP。這些高能分子能驅動一些反應，使我們的身體會發熱、肌肉可以運動、神經衝動能夠傳遞；此外，高能分子也讓體內的同化作用得以進行，使一些小分子可以聚合成大型的生物分子。

同化作用產生的生物分子，不外也是這幾大類：碳水化合物、脂質、蛋白質、核酸，與食物中的生物分子一樣類型。不過，同化作用產生的生物分子，是消費者自己製造的版本，與食物中原有的生物分子不同。如果消費者本身變成食物（好比食物鏈中的一級消費者，例如牛、羊），那麼下一個消費者（好比食物鏈中的二級消費者，例如獅子）體內進行的同化作用，也會產生另一版本的生物分子。因此，食物鏈中的各種生物之所以能靠攝食另一種生物維生，就是藉由異化作用吸收食物中的能量，再利用同化作用將剩下來的原子與分子，重新排列組合成自己所需的生物分子。

異化作用與同化作用彼此合作無間。例如，在健康的肌肉組織中，肌肉分解的速率會與肌肉形成的速率互相搭配。當你增加食物的供應並且做激烈運動時，你體內建構肌肉的同化作用，會勝過分解肌肉的異化作用，導致肌肉的增加。不過，當你停止攝取食物或運動，這些同化作用的速率會輸給異化作用的速率，導致肌肉的耗損，讓你開始消瘦。

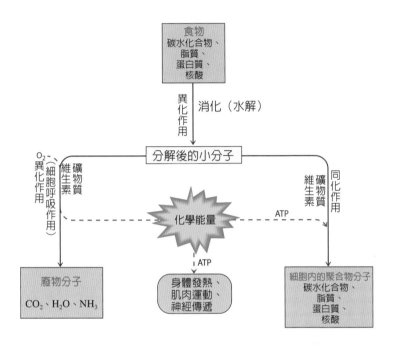

圖 13.36
食物到了體內的代謝作用。異化作用的途徑以紫色箭頭表示，同化作用的途徑以藍色箭頭表示。

觀念檢驗站

已知同化類固醇可以使肌肉增多，如果有異化類固醇這種東西，它將會有怎樣的作用？

你答對了嗎？

「同化類固醇」這個名詞時而出現在體育新聞中，有些運動明星為了爭取佳績，會非法使用這種藥物。由此我們知道同化作用可以建構肌肉，那麼異化作用便是會分解肌肉，要是使用了異化類固醇便會造成肌肉的損失。

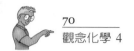

13.8 健康飲食的食物金字塔

如圖 13.37 的食物金字塔，是美國農業部建議的健康飲食方針。根據這個金字塔，每個人一天的飲食應該包括很多麵包、穀類、米食、麵食、蔬菜、水果，及限量的乳品、肉類，至於高糖、高脂肪的食物，則應偶爾吃吃就好。

只要看一看人體是如何處理這些食物中的生物分子，就可以瞭解這項飲食建議的原因。

高油、高甜的食物偶爾吃吃就好。

牛奶、優格、乳酪，2～3 份。

紅肉、雞肉、魚類、乾豆、雞蛋、核果，2～3 份。

蔬菜，3～5 份。

水果，2～4 份。

麵包、穀類、米食、麵食，6～11 份。

圖 13.37
健康飲食的食物金字塔。

碳水化合物是主食

位在金字塔最下面兩層的麵包、穀類、米食、麵食，以及蔬菜、水果，是重要的食物來源，原因是它們含有均衡的各種營養素：碳水化合物、脂肪、蛋白質、核酸、維生素、礦物質。不過，這些食物中最主要的成分是碳水化合物。

碳水化合物可分為兩種：非消化性的碳水化合物（稱做膳食纖維），以及消化性的碳水化合物（主要是澱粉和糖類）。如 13.2 節中所討論的，膳食纖維幫助食物在腸道中蠕動，尤其是在大腸中。膳食纖維也分為兩種：非水溶性纖維和水溶性纖維。所謂的非水溶性纖維主要是由纖維素構成，植物性的食物中都含有纖維素。一般來說，愈不精緻或加工愈少的食物，非水溶性纖維的含量愈高。例如，糙米所含的非水溶性纖維比白米多，因為白米在製作的過程中，穀殼連同很多種維生素與礦物質都一併被研磨掉了。

水溶性纖維是由某些種類的澱粉構成的，在小腸中不容易被消化。果膠是其中的一例，這是果醬與果凍中的凝結物質，當果膠溶解在少量的水中，會變成膠體。水溶性纖維似乎能降低血液中的膽固醇，因為它能與膽鹽交互作用，膽鹽是肝臟製造的膽固醇衍生物，會分泌到小腸中。

如下頁圖 13.38 顯示，膽鹽的功能之一是把消化的脂質經由小腸膜帶進血液中。稍後，膽鹽會再被肝臟吸收，然後又回到小腸中。小腸中的水溶性纖維會與膽鹽結合，使膽鹽迅速被排出體外，沒有機會再被肝臟回收。於是肝臟得製造更多的膽鹽來因應，但要製造膽鹽，必須利用膽固醇，於是肝臟便從血液中去蒐集膽固醇。由此可見，水溶性纖維藉由與膽鹽結合的方式，間接的降低人體血液中

的膽固醇。水果及某些穀類（像是燕麥和大麥），都含有豐富的水溶
性纖維。

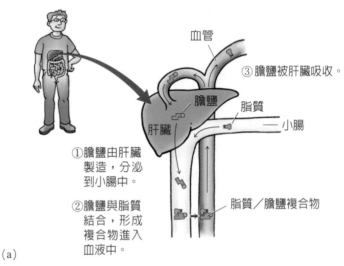

①膽鹽由肝臟製造，分泌到小腸中。

②膽鹽與脂質結合，形成複合物進入血液中。

③膽鹽被肝臟吸收。

血管

膽鹽

肝臟

脂質

小腸

脂質／膽鹽複合物

(a)

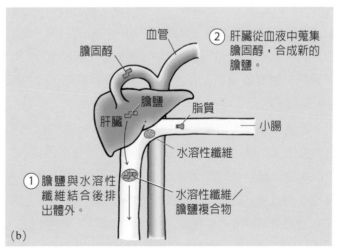

② 肝臟從血液中蒐集膽固醇，合成新的膽鹽。

① 膽鹽與水溶性纖維結合後排出體外。

膽固醇

血管

膽鹽

肝臟

脂質

小腸

水溶性纖維

水溶性纖維／膽鹽複合物

(b)

圖13.38

（a）在沒有水溶性纖維的情況下，膽鹽會被肝臟回收，不需要再重新製造。（b）小腸中的水溶性纖維會與膽鹽結合，使膽鹽迅速被排出體外。因此肝臟必須從血液中蒐集膽固醇，重新製造膽鹽。這就是水溶性纖維可以間接降低血液中膽固醇的原因。

　　在消化的過程中，可消化的碳水化合物，包括澱粉和糖類，會先被轉成葡萄糖，再經由小腸壁被吸收到血液中。身體便利用這些葡萄糖製造能量，例如 ATP。

　　含碳水化合物的食物可以用它們引起血糖濃度上升的速率來評比或分級，一般我們是用升糖指數（glycemic index）來表示。如果我們把葡萄糖的升糖指數設為標準值100，透過這個指數，你可以比較其他食物相對於葡萄糖，使血糖濃度上升的速率。通常，高澱粉或高糖但低纖的食物，升糖指數會偏高，烤馬鈴薯就是一例。某些特定食物的升糖指數會因人而異。此外，食物的製備方式也會使升糖指數出現很大的差異。因此，下頁表13.4所列出的指數值，只是一個大概的數字，僅供參考。不過即使這樣，這些指數對需要細心監控血糖濃度的糖尿病患者而言，還是提供了寶貴的訊息。

　　攝取升糖指數高的碳水化合物食物，會引發許多問題。例如，血糖濃度的竄升，導致體內製造額外的胰島素。胰島素是一種溶於血液中的蛋白質，會將葡萄糖從血液中移除，進入細胞去代謝。不過，胰島素進行這項工作的效率很高，這些額外的胰島素很快造成血液中的葡萄糖流失。面對這種情形，身體的因應之道就是從肝糖分解葡萄糖來補充，另一方面則是引發饑餓感，即使你剛剛才吃過東西。所以當你在一餐中攝取很多升糖指數高的食物，可能造成你吃得過量，如果長久這樣下去，就很容易導致肥胖。

　　許多專業的組織（例如美國糖尿病學會）提醒大家，要注意的是碳水化合物的攝取量，而不是這些含碳水化合物的食物的升糖指數。畢竟真正重要的是你所吸收的總熱量，而不是去在意這些熱量究竟來自高升糖指數的食物或低升糖指數的食物。不過，對大多數人而言，攝取低升糖指數的食物有助於控制飲食中的熱量攝取。

表13.4 某些食物的升糖指數					
葡萄糖	100	小麥麵包	68	香蕉	54
烤馬鈴薯	85	蔗糖	64	牛奶巧克力	49
玉米片	83	葡萄乾	64	柳橙	44
微波爐加熱的馬鈴薯	82	馬爾斯巧克力糖	64	士力架巧克力棒	40
軟心豆粒糖	80	高果糖玉米糖漿	62	花豆	39
香草威化餅	77	白米飯	58	蘋果	38
炸薯條	75	蜂蜜	58	義大利麵（煮五分鐘）	36
燕麥圈餅	74	甜玉米	55	脫脂牛奶	32
白麵包	71	糙米	55	全脂牛奶	27
馬鈴薯泥	70	爆米花	55	葡萄柚	25
圈圈涼糖（形狀似救生圈，有薄荷味）	70	燕麥餅乾	55	大豆	18
		番薯	54	花生	15
碎麥早餐	69				

* 資料來源：Jennie Brand Miller et al.,《葡萄糖的革命：升糖指數的權威指南》，雪梨，Marlowe & Company，1999。

　　從低升糖指數的食物攝取碳水化合物還有一個好處，就是這些食物可以在一段較長的時間內持續供應身體能量，因為它們所含的葡萄糖分子可以慢慢的釋出。再者，維持血糖在中等的濃度，可以鼓勵身體繼續燃燒脂肪，提供能量。如13.3節所討論的，每公克的脂肪比每公克的碳水化合物所產生的能量（ATP）還多很多。

　　對運動員而言，飲食中含很多低升糖指數的食物，例如義大利

麵，可以提供較持久的耐力。有趣的是，這種持久的耐力，對鍛鍊肌肉的健美者及馬拉松跑者一樣有用。打造肌肉所需的能量遠比原料的供應重要。因為，身體的代謝能力很多樣化，葡萄糖也可以做成蛋白質（正如蛋白質也可以轉化成葡萄糖）。因此，健美先生不用擔心蛋白質短缺的問題。想要打造肌肉，選擇富含碳水化合物的飲食，比富含蛋白質的飲食還有效率。

　　雖然攝取升糖指數低的碳水化合物有許多好處，但富含高指數碳水化合物（例如蔗糖）的食物，卻愈來愈受歡迎。其中很多食物都是加工過的精緻食品，位在食物金字塔的頂端。儘管這類食物能提供能量，美國農業部還是建議偶爾吃吃就好，畢竟它們缺乏許多食物金字塔最下面兩層所提供的必需營養素。

吃一根巧克力棒可以迅速提供身體能量，但在激烈運動的前一晚，吃一盤義大利麵，可以提供較緩慢但持久的能量。

不飽和脂肪通常比飽和脂肪健康

　　由於你的身體會利用飽和脂肪去合成膽固醇，所以你攝取的飽和脂肪愈多，體內合成的膽固醇就愈多。相反的，不飽和脂肪並不適合做為合成膽固醇的起始物質。

　　說不飽和脂肪比飽和脂肪健康，還有另一個原因，這就要提到脂肪和膽固醇是怎麼結合的。脂肪與膽固醇都是非極性脂質，它們本身不溶於血液中。因此，為了在血液中移動，這些化合物會與膽鹽結合（稍早已提過）。不過，大多數的脂質都是藉由與水溶性的蛋白質形成脂蛋白（lipoprotein）的複合物，而變成能溶於水中。脂蛋白可以根據密度來分類，請見下頁表 13.5。極低密度脂蛋白（VLDL）主要負責運輸脂肪到全身；低密度脂蛋白（LDL）運輸膽固醇到細胞，用來穩固細胞膜的構造；高密度脂蛋白（HDL）把膽固醇運送到肝臟，在那裡轉化成各種有用的生物分子。

表 13.5　脂蛋白的分類			
脂蛋白	蛋白質的比例	密度（g/mL）	主要的功能
極低密度 （VLDL）	5	1.006～1.019	運輸脂肪
低密度 （LDL）	25	1.019～1.063	運輸膽固醇到細胞， 參與細胞膜的結構。
高密度 （HDL）	50	1.063～1.210	運輸膽固醇到肝臟， 進行各種加工。

　　富含飽和脂肪的飲食，會導致血液中 VLDL 及 LDL 濃度的高升。這是我們不希望見到的結果，因為這些脂蛋白容易在動脈管壁上形成脂肪沉積，即所謂的斑塊（plaque）。斑塊的沉積會引起發炎，導致動脈破裂，釋出凝血因子到血液中。血液在動脈破裂處凝結成的血塊可能鬆脫，流進血液循環中，導致流向身體某部位的血液受阻。如果這部位是發生在心臟，可能造成心臟病。若是發生在腦部，結果就是中風。相對於飽和脂肪，不飽和脂肪比較容易提高血液中的 HDL 濃度，這是我們歡迎的脂蛋白，因為它們可以有效的把動脈管壁上的斑塊移除。

觀念檢驗站

為什麼不飽和脂肪比飽和脂肪健康？請提出兩個原因。

你答對了嗎？

首先，不飽和脂肪比較不容易被身體拿去合成膽固醇。其次，他們還會增加高密度脂蛋白（HDL）的濃度，而我們已知高密度脂蛋白會降低血液中的膽固醇，能減少動脈斑塊的沉積。

　　如 13.3 節中所述，不飽和脂肪在室溫中大多呈液態。不過當它們經過氫化作用後，可以轉變成比較接近固態的東西。所謂的氫化作用，就是把氫原子加到「碳－碳」雙鍵上。把部分氫化植物油與黃色食用色素、少許鹽、以及增加風味的丁酸（一種有機酸）混合起來，你得到的是人造奶油，這種產物最早出現在第二次世界大戰期間，被拿來當作奶油的替代品。

　　現在許多食物（例如巧克力棒）都含有部分氫化的植物油，可以增加口感，以利產品的銷售。不過，氫化作用會提高飽和脂肪的比例，使食物較不健康。再者，如下頁圖 13.39 所顯示，某些留下來的雙鍵會被轉形成反式的幾何異構物（請見《觀念化學 3》第 12.2 節的*生活實驗室：扭旋軟糖*）。由於含有反式雙鍵的碳鏈，通常比含有順式雙鍵的碳鏈還不曲折，因此部分氫化的脂肪具有較直的碳鏈。這意味著該脂肪在體內比較容易效法飽和脂肪的特性。

圖 13.39
氫化作用會導致脂肪酸的長鏈上
出現反式雙鍵,使長鏈直直的伸
出去(而不會彎曲),很像飽和
脂肪酸的長鏈那樣。

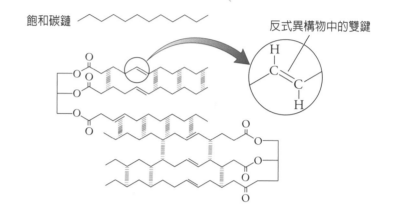

飽和碳鏈

反式異構物中的雙鍵

生活實驗室:人造奶油的嘶嘶聲

你曾經注意過奶油及人造奶油在熱烤盤上會發出嘶嘶聲、但植物油卻不會嗎?這嘶嘶聲是因為奶油及人造奶油裡的水分,遇到溫度超過100℃的熱烤盤而迅速蒸散所致。一旦水分消失,嘶嘶聲也跟著沒了。植物油裡幾乎不含什麼水分,因此遇到熱烤盤不會嘶嘶叫。不同品牌的人造奶油含有不同比例的水分,這就是這個實驗要探討的主題。

■ 請先準備:
找幾種不同品牌的人造奶油(其中最好有一些比較不油膩的種類)、幾個大小相同的水杯、微波爐、滴管。

■ 請這樣做:
1. 把各種人造奶油放進不同的水杯內。加入的人造奶油要至少有1.5公分深。

2. 在每個杯子上標示人造奶油的品牌。

3. 把各種人造奶油放進微波爐中融化。(要控制好時間,因為這過程不需要很久。)當人造奶油融化後,水層和脂層會分開。

4. 注意各種品牌中的水分含量，可以比較各杯中的水層深度。

5. 利用滴管把位在脂層下方的水分吸走。將脂層放進冰箱冷藏，稍後比較各品牌的硬度。

根據步驟5所觀察到的脂質硬度，你認為哪一種品牌的人造奶油含有最多的飽和脂肪？

生活實驗室觀念解析

一般來說，在冷藏過的脂質層中，愈硬的樣品，表示所含的飽和脂肪比例愈高。

也許你已經從本實驗中發現，愈不油膩的人造奶油，所含的熱量愈低，只因為它們含的水分比較多。除了水分之外，有些品牌的人造奶油比較容易起泡。不管如何，它們的結果都是在每份用量中，含有較少的脂質，這樣就算是含飽和脂肪，也無大礙。不過，要注意的是，很多較不油膩（低脂）的品牌都標示著：「只適用塗抹，不宜烹調。」請問這是為什麼呢？

注意攝取必需胺基酸

雖然蛋白質和澱粉、糖類、脂肪一樣，可以提供人體能量，不過它最重要的功能應該要算是建構酵素、骨骼、肌肉、皮膚等東西。在構成蛋白質的20種胺基酸中，成人的體內可以自行從碳水化合物及脂肪酸那裡，合成其中的12種，且數量足以供應人體所需。剩下的8種必須從食物中攝取，請見下頁表13.6。這些身體需要，但無法自行合成的8種胺基酸，稱為「必需胺基酸」，意思就是我們必須從食物中去攝取足夠的量。除了表13.6中所列出的八種成人必需的胺基酸，嬰兒和孩童在快速的成長過程中，還必須從飲食中攝取大量的精胺酸和組胺酸。因此嬰兒和孩童需要的必需胺基酸一共有

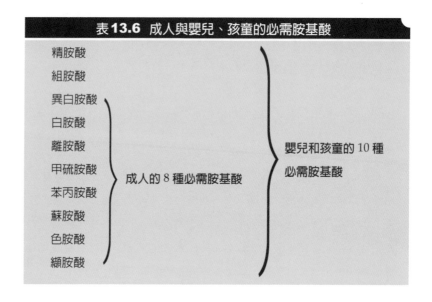

表13.6　成人與嬰兒、孩童的必需胺基酸

精胺酸
組胺酸
異白胺酸
白胺酸
離胺酸
甲硫胺酸
苯丙胺酸
蘇胺酸
色胺酸
纈胺酸

成人的 8 種必需胺基酸

嬰兒和孩童的 10 種
必需胺基酸

10種。（其實，「必需」這個詞並不恰當，因為事實上20種胺基酸
全部都是維持健康所必需的物質）。

　　為什麼我們體內可以大量製造某些胺基酸，卻無法合成另一些
胺基酸呢？這問題要回到胺基酸側基的化學結構去做解釋，大家可
以參考圖13.14中的各種胺基酸結構。那些非必需胺基酸的側基，似
乎都比較簡單，因此身體不用費多少功夫就可以合成；而必需胺基
酸的化學結構比較複雜，因而不容易製造。於是，身體只好省省力
氣，直接從食物中去獲取。時間一久，我們在演化的過程中，便漸
漸失去建構這些胺基酸的能力。同樣的道理，像維生素這麼複雜的
分子，人類在演化中也逐漸失去自我合成的能力，乾脆從飲食中去

獲取比較快。換句話說，我們讓其他生物經由代謝過程去製造這些生物分子，然後我們再把這些生物吃下去撿現成貨。

　　一般而言，在被攝食的蛋白質中，其胺基酸組成愈接近攝食者本身的胺基酸組成，則該蛋白質的營養價值愈高。譬如，對人類來說，飲食中，哺乳動物的蛋白質營養價值最高，其次是魚和雞，再來是蔬菜、水果。尤其是植物蛋白，往往容易缺乏離胺酸、甲硫胺酸或色胺酸。在素食的飲食中，唯有攝取很多種蛋白質來源，使食物之間彼此彌補不足，才不會造成胺基酸的缺乏，請見圖13.40。

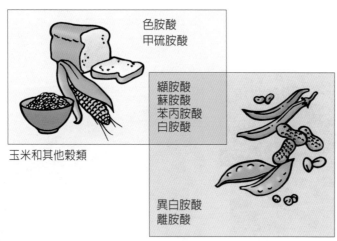

色胺酸
甲硫胺酸

纈胺酸
蘇胺酸
苯丙胺酸
白胺酸

玉米和其他穀類

異白胺酸
離胺酸

豆子和豆莢類

圖 13.40

結合了豆類（例如豌豆、四季豆）及穀類（例如小麥、玉米）的素食飲食，大體上可以提供足夠的蛋白質。含有這種組合的素食餐，像是花生醬三明治、墨西哥玉米薄餅加香炒豆，以及米飯配豆腐。

想一想，再前進

　　俗話說得好：「你是從你吃的東西變來的。（you are what you eat.）」這句話現在想想還真有道理。除了氧氣是經由肺部進入身體，其餘體內的每一個原子幾乎都是從嘴巴到胃，再進入人體的。如圖13.41所示，當麥翠雅（我的小女兒）還在母親的子宮裡發育時，所有製造能量及生長所需的分子，得先經由母親的肺部及嘴巴進入母體，再輸送給她。這也是她母親在懷孕過程中一定要吃得好，且保持正常生活作息的原因。經過40週後，母親所吃的食物在麥翠雅的DNA指使下，轉化成一個全新的生命，準備開始探索周遭的世界。

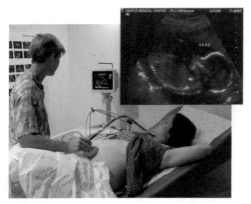

圖 13.41

（a）當麥翠雅還是胎兒時，她正在經歷生命中最快速成長的階段，因此她非常需要仰賴母親健康的飲食。（b）當麥翠雅出生後，嬰兒時期的她還是很需要營養，以供發育生長。

關鍵名詞解釋

碳水化合物 carbohydrate　由碳、氫、氧構成的生化分子，可藉由植物的光合作用來製造。（13.2）

醣類 saccharide　碳水化合物的別稱。可分為單醣、雙醣及多醣。（13.2）

肝糖 glycogen　一種葡萄糖的聚合物，儲存在動物的組織中，有「動物澱粉」之稱。（13.2）

脂質 lipid　一群不溶於水的生化分子。（13.3）

脂肪 fat　一種富含能量的生物分子，由一個甘油與三個脂肪酸結合而成。（13.3）

蛋白質 protein　由胺基酸構成的聚合物，又稱為多肽鏈。（13.4）

胺基酸 amino acid　構成多肽鏈的單元物，特徵是同一個碳上含有胺基與羧酸基。（13.4）

酵素 enzyme　催化生化反應的蛋白質。（13.4）

核苷酸 nucleotide　構成核酸的基本單位，每一個核苷酸包括三部分：一個含氮鹼基、一個核糖、一個磷酸根離子。（13.5）

核酸 nucleic acid　核苷酸單元構成的長鏈聚合物。（13.5）

去氧核糖核酸 deoxyribonucleic acid　簡稱DNA，是含有去氧核糖的核酸，具雙螺旋結構，且在核苷酸序列上帶有遺傳密碼。（13.5）

核糖核酸 ribonucleic acid　簡稱RNA，核酸的一種，含有完全氧合的核糖。（13.5）

染色體 chromosome　細胞分裂前，出現在細胞核中的結構，由DNA與蛋白質形成。（13.5）

複製 replication　DNA雙股複製的過程。（13.5）

基因 gene DNA上的一段核苷酸序列，主宰某特定蛋白質的形成。（13.5）

轉錄 transcription 把DNA上的遺傳訊息轉抄成一條互補單股的mRNA。（13.5）

轉譯 translation 根據mRNA上的密碼子序列，把對應的胺基酸一個一個串連起來的過程。（13.5）

重組DNA recombinant DNA 雜交的DNA，含有來自其他物種的DNA。（13.5）

基因選殖 gene cloning 把想要的DNA片段（或稱目標DNA）塞入細菌的DNA中，藉由細菌的繁殖過程，複製出大量的目標DNA。（13.5）

維生素 vitamin 一群協助體內各種生化反應的有機化合物，可經由食物獲取。（13.6）

礦物質 mineral 在人體中扮演各種角色的無機化學物質。（13.6）

代謝 metabolism 泛指體內所有的化學反應。（13.7）

異化作用 catabolism 體內分解生物分子的反應。（13.7）

同化作用 anabolism 體內合成生物分子的化學反應。（13.7）

延伸閱讀

1. John Rennie, editor, "The Business of the Human Genome: Special Industry Report." *Scientific American* 283(1), July 2000.
   一連三篇評論人類基因組計畫的文章，其中將人類 DNA 如何定位，以及要怎樣應用這些知識，做了概述。

2. https://web.ornl.gov/sci/techresources/Human_Genome/index.shtml
   這是有關人類基因組計畫的網站，此計畫起始於 1990 年，目標是找出人類 DNA 上的所有基因。

3. https://www.fda.gov/food
   這是美國食品藥物管理局（FDA）的食物安全與營養相關網站。在此可以找到 FDA 對於食物補充品、食品標示、營養等相關話題的連結。

4. http://www.dietitian.com
   知名的飲食專家 Joanne Larsen 在此提供許多問題的解答。閱讀她的答案，你可以發現許多本章有介紹的專有名詞與觀念。

第13章 觀念考驗

關鍵名詞與定義配對

胺基酸	代謝
同化作用	礦物質
碳水化合物	核酸
異化作用	核苷酸
染色體	蛋白質
去氧核糖核酸	重組DNA
酵素	複製作用
脂肪	核糖核酸
基因	醣類
基因選殖	轉錄
肝糖	轉譯
脂質	維生素

1._____：由植物行光合作用所製造的生物分子，僅含碳、氫、氧原子。

2._____：碳水化合物的另一種說法，名詞前常附加英文字首「mono」（單）、「di」（雙）、「poly」（多），來表示該碳水化合物的長度。

3._____：動物組織中所儲存的一種葡萄糖聚合物，也稱做動物性澱粉。

4._____：一群種類繁多的生物分子，不溶於水。

5._____：一種每公克單位飽含能量的生物分子，其分子結構是一個甘油分子上黏著三個脂肪酸長鏈。

6._____：胺基酸的聚合物，也稱做多肽鏈。

7._____：多肽鏈上的單元物，每個單元包含一個胺基及一個羧基，兩者皆與同一個碳原子結合。

8._____：可以催化生化反應的蛋白質。

9._____：構成核酸的單元物，包含三部分：一個含氮鹼基、一個核糖、一個磷酸根。

10._____：由核苷酸串連而成的聚合物長鏈分子。

11._____：一種含有去氧核糖的核酸分子，具有雙螺旋結構，其核苷酸序列上帶有遺傳密碼。

12._____：含有完全氧合核糖的核酸。

13._____：一團由 DNA 纏繞著蛋白質而成的東西，在細胞分裂前，出現於細胞核中。

14._____：DNA 雙股被複製的過程。

15._____：在染色體裡中，指示細胞製造出某種特定蛋白質的一段 DNA（核苷酸序列）。

16._____：DNA 上的遺傳訊息指示某單股核苷酸序列合成互補的 mRNA。

17._____：根據 mRNA 上的密碼子序列，把胺基酸串連成蛋白質的過程。

18._____：由不同生物體的 DNA 所組成的雜交 DNA。

19._____：一種基因操作技術，即把某生物體的基因嵌入另一種生物體的 DNA 中。

20._____：一群有機化合物，在人體中協助各種生化反應的進行，且只能從食物中攝取。

21._____：一群無機化合物，在人體內扮演各式各樣的角色。

22._____：體內所有化學反應的總稱。

23._____：體內所有分解生物分子的反應。

24._____：體內所有合成生物分子的反應。

分節進擊

13.1 構築生命的基本分子

　1. 植物細胞有細胞膜嗎？

　2. 本章探討了哪四大類的生物分子？

13.2 碳水化合物提供細胞結構與能量

　3. 所有的碳水化合物都可以被人體消化吸收嗎？

　4. 同樣屬於單醣的葡萄糖與果糖，兩者的化學結構有什麼差異？

　5. 植物為何製造澱粉？

　6. 直鏈澱粉與支鏈澱粉有什麼不同？

　7. 澱粉和纖維素都含有哪一種單醣？

　8. 什麼是地球上含量最豐富的有機化合物？

13.3 脂質是不溶於水的分子

　9. 三酸甘油酯是由什麼東西組成的？

10. 飽和脂肪為什麼「飽和」？

11. 所有的類固醇有什麼共同點？

13.4 蛋白質是超大生物分子

12. 蛋白質分子的組成單位是什麼？

13. 各種胺基酸的差別在哪？

14. 胜肽、多肽、蛋白質有什麼共同點？

15. 請說明蛋白質在結構上可分為哪四種層級，並詳述各種層級。

16. 蛋白質中最常見的二級結構有哪兩種？最常見的三級結構又是哪兩種呢？

17. 蛋白質中的雙硫鍵有什麼功用？

18. 酵素在人體中扮演什麼角色？

19. 受體部位靠什麼力量把受質抓住？

13.5　核酸帶有合成蛋白質的密碼

20. 核酸與核苷酸有什麼不同呢？

21. 核糖核酸（RNA）位在細胞的哪裡？

22. 細胞內的何處可以找到去氧核糖核酸（DNA）？

23. DNA和RNA各有哪四種含氮鹼基？

24. 密碼子是位在DNA上還是RNA上？

25. 反密碼子存在於何種形式的RNA？

26. 轉錄作用與轉譯作用有何不同？

27. AGG這個密碼子是對應到哪一種胺基酸？

28. 什麼是限制酶？它的功用為何？

29. 什麼是DNA片段上的黏端？黏端如何被用來製造重組DNA？

13.6　維生素是有機物，礦物質是無機物

30. 維生素可分為哪兩類？

31. 為何清蒸蔬菜往往比水煮蔬菜還健康？

13.7 代謝：生物分子在體內走一遭

32. 體內異化作用的總結果是什麼？

33. 體內同化作用的總結果是什麼？

13.8 健康飲食的食物金字塔

34. 哪一類生物分子是食物金字塔建議的主食？

35. 所有的膳食纖維都是由纖維素構成的嗎？

36. 有可能在吃了某種升糖指數低的食物後，依舊導致血糖濃度明顯上升嗎？

37. 哪一種脂蛋白較容易導致動脈管壁形成斑塊，LDL 還是 HDL？

38. 為什麼人體為何無法合成必需胺基酸？

高手升級

1. 碳水化合物含有水嗎？

2. 碳水化合物除了提供能量，還有什麼生物用途？

3. 試比較纖維素和澱粉，兩者有何相似之處，有何相異之處？

4. 為什麼澱粉在嘴巴裡咀嚼幾分鐘後，會開始出現甜味？

5. 為什麼脂質不溶於水？

6. 為什麼我們體內必需要有膽固醇？

7. 一種含有甘油及脂肪酸、但不含三酸甘油酯的食物，可以在廣告中宣稱該食物不含脂肪嗎？要是廠商真的這麼做，你認為這樣的廣告會不會誤導消費者？

8. 蠶絲比棉花還防水，這是什麼原因呢？

9. 假設你是美髮師，正準備幫一位髮質纖細的客人燙捲髮。那麼在燙髮的過程中，你所使用的還原劑應該是一般濃度、加強濃度、還是稀釋濃度？

10. 為什麼燙髮並不會讓頭髮永久捲曲？

11. 假設有一個含有五個胺基酸的胜肽分子，經過某酵素催化後，分解成白胺酸－半胱胺酸、絲胺酸、白胺酸－絲胺酸等片段，已知這個酵素僅水解絲胺酸－白胺酸之間的胜肽鍵。請問原來這個胜肽分子上的胺基酸序列為何？

12. 為什麼人體無法單單從碳水化合物和脂肪來製造蛋白質？

13. 在下圖這個蛋白質大分子中，請說明a、b、c三個地方分別具有什麼分子引力？並說明此蛋白質分子的一級、二級、三級、四級結構。

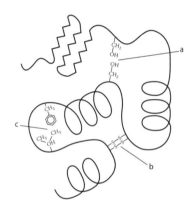

14. 為什麼pH值改變會影響蛋白質的功能呢？不妨思考一下許多胺基酸側基的酸鹼特性。

15. DNA常會出現的一種問題是，胞嘧啶會自動轉變成尿嘧啶，導致DNA受損。這樣的情形每天大約會出現100次。幸好，我們體內會製造一些酵素來搶救這種錯誤，把尿嘧啶再轉變回胞嘧啶。現在請你根據這樣的訊息，試說明為什麼DNA要使用胸腺嘧啶，而與RNA使用的尿嘧啶有別。

16. 請將以下物質依分子大小（由小到大）排列：密碼子、基因、核酸、核苷酸。

17. 請問DNA上ATG這樣的核苷酸序列，是對應到哪一種胺基酸？

18. 爲什麼DNA的腺嘌呤數目總是與胸腺嘧啶數目相同？

19. 假如mRNA的核苷酸序列如下：

　　AUGGACCCAGCGUGAUGUA，請問它會合成怎樣的多肽鏈分子？

20. 在上題的mRNA序列中，假設從左邊數來的第二個G被刪除，則會合成怎樣的多肽鏈？這樣的改變會給基因帶來什麼問題？

21. mRNA經由轉錄過程產生後，爲什麼不會與DNA黏在一起？

22. 在下圖的DNA片段中，你可以找出多少個對稱的序列？

```
GTAGTTAACCAGTCCGGAAG
CATCAATTGGTCAGGCCTTC
```

23. 不論是水溶性或非水溶性的維生素，攝取過量都對身體有害。不過，我們的身體似乎比較能夠忍受水溶性維生素，爲什麼？

24. 爲什麼飲食中的礦物質必須呈離子狀態，才能被身體利用？

25. 假設你的朋友一星期只吃一次維生素C，而且每次都吃很多，她說這樣省得天天都要吞藥丸，很麻煩。你對這位朋友的做法有什麼建議？

26. 下列兩段敘述哪一種比較正確？

　　a. 身體需要維生素，是爲了避免缺乏維生素所產生的疾病，例如壞血症。

　　b. 身體需要維生素，是因爲有足量的維生素，體內的各種代謝反應（包括合成與分解）將能更有效率的進行。

27. 請說明爲什麼蔗糖的升糖指數只有葡萄糖的64%左右。

28. 請說明爲什麼在小腸中，把澱粉分解成葡萄糖比把蔗糖分解成葡萄糖還耗時？

29. 已知哺乳動物無法合成多元不飽和脂肪酸。那麼爲什麼牛油中含有高達10%的多元不飽和脂肪酸？

30. 每公克花生醬所含的蛋白質比一個水煮蛋多，但爲何雞蛋卻是較好的蛋白質來源？

31. 人體以肝糖形式儲存葡萄糖，而把脂肪存放在皮下的脂肪組織中。至於胺基酸，人體是怎樣儲存的呢？

32. 在穀類麥片早餐中，往往添加了各式各樣的維生素和礦物質，但它缺乏離胺酸。怎樣才能彌補這種早餐的不足呢？

焦點話題

1. 目前世界各地的私人組織與政府機構正進行著人類基因組計畫。隨之而來的問題是，這個計畫所蒐集到的資訊將嘉惠於誰，且會到怎樣的程度？你認爲呢？這麼多人費了好大的力氣所蒐集到的資訊，應該公諸於世，讓任何人都有權利享用嗎？或者，你認爲其中某些資訊應該歸私人所有，使用者必須付費，以回收一些成本，或成爲一種營利的產品？

2. 在某些飲食中，尤其是最知名的阿金飲食（Atkins diet），鼓勵大量攝取蛋白質和脂肪，但節制碳水化合物的攝取。其中所標榜的因素之一是，在同樣的熱量攝取下，高蛋白及高脂的飲食讓人稍後比較不會有吃東西的慾望。反對這種飲食的人提出的原因之一則是，這樣可能造成腎臟及肝臟的負擔過重。想知道更多這種飲食的好處，請查詢 www.atkins.com，要是想知道這種飲食的壞處，則查詢 www.healthcentral.com（搜尋的關鍵字：high-protein diet），並與同學、朋友討論你的看法。

14

藥物的化學

為什麼有些藥物是可以自行到藥局購買的成藥;

而有些藥物一定要醫師處方才能拿到?

為什麼吸煙有害健康、喝咖啡最好適量,

而毒品千萬碰不得?

如果這些你都不知道,這一章裡有最清楚的說明,

每一節你都不能錯過!

14.0 認識藥物的作用

考古證據顯示，在早期的文明中，人類就已經知道某些植物具有醫藥的特性。例如，西元 78 年，希臘醫師狄奧斯克里蒂斯（Dioscorides）寫過一本《藥物論》（*Materia Medica*），書中記載了大約六百種具有藥性的植物，其中包括可以製成鴉片的罌粟花。割開罌粟花的蒴果，會流出乳狀的汁液。把乳汁風乾、搓揉後，可以形成一種柔軟的物質，即所謂的鴉片，它含有類鴉片化合物（opioid），這是一群具有鎮靜、止痛功效的植物鹼。嗎啡（如左圖中分子模型所示）是其中含量較多且藥性頗強的分子之一。

十九世紀初期，隨著化學研究的進步，人們發現到這些天然產物之所以具有藥性，要歸功於它們所含的某些物質。好比說，1806 年，研究人員從鴉片中提煉出嗎啡；又如在 1820 年，研究人員從金雞納樹的樹皮中提煉出可以對抗瘧疾的奎寧（quinine）。很快的，人們又發現某些實驗室合成的化合物也具有藥性。例如，1840 年代，人們發現氯仿、一氧化二氮（俗稱笑氣）、乙醚等人工合成的化合物，同樣具有麻醉效果，使外科手術與牙齒治療可以在無痛的情形下進行。

到了 1860 年代，巴斯德（Louis Pasteur，1822-1895，法國細菌學家，創微生物化學，證明生物不能自動起源）在發現細菌後，確認疾病的病菌理論。這導致人們發現酚類及相關化合物具有殺菌功效，可以用來防止細菌感染（相關的化合物已在《觀念化學 3》第 12 章中討論過）。不過，一直到 1930 年代，細菌感染的治療才出現重大的突破，

△ 圖 14.1
嗎啡的分子模型。

當時醫界發展出含硫的化合物，即所謂的磺胺藥類。接下來則有青黴素（盤尼西林）的問世，這是由青黴菌提煉出來的物質。隨後的研究導致更多藥物陸陸續續的發明，包括天然及人工的種類。直到今日，光是在美國就有約二萬五千種需要醫師處方的藥物，及三十萬種不需醫師處方的藥物。

　　本章要闡述的內容包括藥物的分類及發明新藥的過程。另外，還會探討到人們依賴藥物所引發的一些社會問題。

14.1 如何分類藥物

　　簡單的說，藥物是除了食物和水以外，任何能影響身體功能的東西。具有療效的藥物我們稱作醫藥，而不論合法或非法，藥物也有醫療之外的用途。合法的非醫療藥物包括酒精、咖啡因、尼古丁等等；非法的非醫療藥物則有海洛因、古柯鹼等等。

　　藥物的分類方式有很多種。如下頁表14.1所示，美國藥物執行管理局（U.S. Drug Enforcement Agency，DEA）根據安全性與社會接受度將藥物做分類。最安全的藥物被歸類為成藥（over-the-counter drug，OTC），表示無需處方就可以在藥房購得。處方藥則需要在醫師的指示下服用，因為這類藥物的藥性較強，或者有被誤用或濫用的可能。此外，DEA根據藥物濫用的可能性，利用進度系統將藥物進一步分類，請見下頁表14.1。

表 14.1 美國藥物執行管理局的藥物分類		
類別	說明	例子
成藥 合法的非醫療藥物	每個人都可以取得。 食物、飲料、香菸中的 成分。	阿斯匹靈、咳嗽藥。 酒精、咖啡因、尼古 丁。
處方藥	需要醫師的指示。	抗生素、避孕藥。
管制的藥物		
第1級	非醫療用途,且有高 度濫用的可能性。	海洛因、LSD迷幻藥、 梅斯克林(mescaline, 一種南美仙人掌的毒 鹼)、大麻。
第2級	具有某種醫療用途, 且有高度濫用的可能性。	安非他命、古柯鹼、 嗎啡、可待因。
第3級	處方藥物,具有濫用 的可能性。	巴比妥、鎮靜劑。

藥物還可以根據來源分類,請見右頁表14.2。天然的藥物直接
來自陸生或海洋的動植物。天然藥物的化學衍生物,是經過加工改
造的天然產物,用來增強藥性或減低副作用。人工合成藥物則是由
實驗室製造出來的藥物。

也許最常見的藥物分類方式,是根據它們主要的生物作用,這
也是本章要闡述的主題。不過,要提醒大家的是,大多數的藥物在
人體內會展現多種生物活性,因此可能同時被歸在不同的類別中。

表14.2　一些常見藥物的來源

來源	藥物	生物作用
天然產物	咖啡因	神經興奮劑
	蛇根鹼（reserpine）	降血壓劑
	長春花鹼（vincristine）	抗癌藥
	青黴素	抗生素
	嗎啡	止痛劑
天然產物的化學衍生物	腎上腺皮質酮	抗風濕性關節炎
	氨青黴素（安匹西林）	抗生素
	麥角酸二乙醯胺（LSD，一種麥角酸衍生物）	中樞神經幻覺劑（迷幻藥）
	氯奎寧	抗瘧疾
	類酯醇雙醋酸鹽	避孕藥
人工合成藥物	為你安（valium）	解除壓力、焦慮；鎮靜安眠。
	苯乃爾（benadryl）	抗組織胺（抗過敏）
	二丙烯基巴比妥	鎮靜安眠
	苯環己啶	獸醫用麻醉劑
	美沙酮	止痛劑

以阿斯匹靈為例，它可以紓解疼痛，也能退燒、消炎、稀釋血液；但也會引發耳鳴，還可能使孩童罹患雷氏症候群（Reye's syndrome）；嗎啡可以止痛，但它也會引起便秘及抑制咳嗽。

有時候，我們就是需要藥物的多重效應。例如，阿斯匹靈的止痛與退燒特性合併起來，可以治療成人的感冒症狀，而它稀釋血液的功能，也有助於預防心臟病。美國在內戰期間，大量使用嗎啡幫士兵止痛及控制腹瀉。不過，藥物的副作用往往不受人們歡迎。耳鳴、雷氏症候群、反胃等是阿斯匹靈的幾種副作用；而嗎啡的主要副作用是它會讓使用者成癮。因此，藥物研究的主要目標之一，就是去發明有特定作用、但極少副作用的藥物。

當兩種藥物一起服用時，其主要活性也許不同，但它們可能具有共同的次要活性，因而兩藥共用可以放大次要活性的效果。當一種藥物可以增強另一種藥物的作用時，我們稱這種情形為**加乘效應**，加乘效應往往比兩種藥物分開服用的總合效應還大。現在醫生和藥劑師最大的挑戰之一，是尋找各種可能的藥物組合，開發它們的加乘效應。不過，若將具有相同主活性的藥物混合使用，產生的加乘性是特別危險的。例如，某適量的鎮靜劑與某適量的酒精合用，可能有致命的危險。其實，大多數的藥物使用過量，都是源自藥物的組合發生問題，而並非單一種藥物濫用所產生的結果。

觀念檢驗站

 請區分藥物和醫藥的不同。

你答對了嗎？

 藥物是任何能夠影響身體功能的物質，醫藥則是任何具有療效的藥物。所有的醫藥都屬於藥物，但並非所有的藥物都可以做為醫藥。

14.2 鎖鑰模型指引化學家合成新藥物

　　為了發現更有效的醫藥，化學家利用各種模型來模擬藥物的作用。到目前為止，最有用的藥物作用模型要算是**鎖鑰模型**（lock-and-key model）。這個模型所根據的原理是：藥物的化學結構與它的生物作用是相關聯的。例如，嗎啡及所有相關的類鴉片止痛劑，像是可待因、海洛因等，都有如圖14.2顯示的T形結構。

　　根據鎖鑰模型（見下頁圖14.3），具有生物活性的分子是藉由塞入體內蛋白質上的受體部位來發揮作用的。該分子與受體部位則是藉由分子間的引力（例如氫鍵），而相結合。當一個藥物分子與受體部位結合時，彷彿鑰匙插入鎖孔那樣，會開啟特定的生化活動，譬如傳遞一個神經衝動、改變某蛋白質的形狀、或甚至引發某化學反應。不過，為了要塞進特定的受體部位，藥物分子必須具有特定的形狀，就像鑰匙上面需要有特殊的凹痕，才能插入鎖孔中。

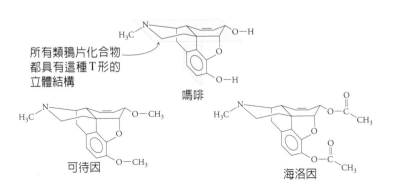

所有類鴉片化合物都具有這種T形的立體結構

嗎啡

可待因

海洛因

◁ 圖14.2

所有類似嗎啡的止痛藥，都具有與嗎啡相似的立體結構。

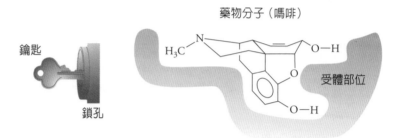

圖14.3

許多藥物都是藉由塞入體內某些分子的受體部位，來發揮作用的，那種情形頗
類似把鑰匙插入鎖孔中。

　　這種鎖鑰模型還有個特性，就是藥物分子與受體部位結合的分
子引力，很容易被打斷。（在《觀念化學2》的第7章曾經提過，大多數
的分子引力比化學鍵還脆弱許多倍。）因此，藥物只是暫時與受體部位
結合。一旦藥物從受體部位移除，體內的代謝作用會分解藥物的化
學結構，使藥物無法再發揮功效。

　　利用這種模型，我們可以瞭解為何有些藥物的藥性比另一些藥
物強。例如，海洛因的止痛效果比嗎啡強，因為海洛因的化學結構
允許它與受體部位有較緊密的結合，因此可以結合得較久。

　　鎖鑰模型已發展為藥劑研究的中心教條之一。只要知道目標受
體部位的精確形狀，化學家就可以設計出恰好可以塞入受體部位、
且具有特殊生物作用的分子。不過，生物化學系統是如此的複雜，
我們所知的東西實在有限，使我們設計新藥物的能力也跟著受限。

　　所以，目前各種新問世的醫藥，還是以被人們發現的居多，而不是設計出來的。其中一個重要的管道是源自民族植物學（ethnobotany）的研究。民族植物學家的工作，是研究土著文化中所使用的藥用植物。例如一種非洲的豆科植物（*Bobgunnia madascarienis*），其根部有一種黃色披覆物，長久以來，當地人已知這種披覆物具有特殊的醫療特性。化學家從披覆物的萃取液中，純化出一種能治療眞菌感染的強效化合物。原本植物製造這種化合物是用來保護根部、防止腐爛，不過對那些受到眞菌趁虛而入的愛滋病患來說，這種化合物爲他們帶來治癒眞菌感染的新希望。

　　今日，臨床上使用的處方藥，有上百種都是源自植物。其中有四分之三之所以受到製藥工業的青睞，是因爲它們在民俗醫療上已被長久使用。

　　另一種發現新藥物的重要途徑，是隨機篩檢一大堆的化合物。好比說，每年，美國國家癌症研究所都會篩檢二萬種化合物，好從中找出具有抗癌活性的分子。有一個成功的例子，是從太平洋紫杉的樹皮提煉出來的紅豆杉醇（taxol），這種複雜的天然化合物（圖14.4）對某些癌症具有明顯的抗癌性，尤其是卵巢癌。

　　從天然物質中純化出來的藥物，未必比實驗室裡製造的藥物溫和或有效。例如，阿斯匹靈這種人工的化學衍生物，肯定比百分之百天然的古柯鹼溫和。天然產物主要的優點在於它們的多樣性。每年，從植物中發現的新化合物超過三千種，其中許多化合物都具有生物活性，它們是植物的化學武器，幫助植物抵抗疾病或侵略者。例如，尼古丁是菸草植物製造的天然殺蟲劑，用來保護它自己，免於蟲害。

紅豆杉醇

▲圖14.4
紅豆杉醇是一種複雜天然化合物，對治療各種癌症很有效。

起始物質 B 與 4 在
試管中混合。

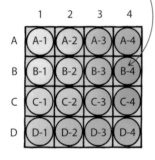

	1	2	3	4
A	A-1	A-2	A-3	A-4
B	B-1	B-2	B-3	B-4
C	C-1	C-2	C-3	C-4
D	D-1	D-2	D-3	D-4

☖ 圖14.5

這裡有8種假設中的起始物質，從 A 到 D，以及 1 到 4。透過方格中的兩兩配對，可以產生16種產物，每一種產物都可能具有某種原來起始物質所未具有的生物活性。

有人估計過，目前只有約五千種植物被徹底研究過，目的是尋找可能的醫療用途。如果說地球上約有二十五萬到三十萬種植物（大多生長在熱帶雨林中），那麼人類瞭解的植物僅占一小部分而已。可見我們對植物界所知的事情仍然少之又少，難怪愈來愈多人公開表示，如果我們繼續破壞熱帶雨林，人類將失去許多可能製成醫藥的寶貴植物。

近來，化學家在實驗室裡研究**組合化學**（combinatorial chemistry），想要模擬自然界的化學多樣性，打造一個相關化物的大型資料庫。組合化學利用許多不同的方式，組合出一系列的化學物質。化學家使用微量的試劑，兩兩在方格子中結合，來放大可能產物的數量，請見圖14.5。結果是產生許多密切相關的化合物，可以用來篩檢它們的生物活性。接下來，再從中找出活性最強的衍生物，分析其化學結構，然後以化學合成方式大規模製造此衍生物，以供進一步測試或臨床試驗。

觀念檢驗站

為什麼有機化合物非常適合製成藥物呢？

你答對了嗎？

因為它們豐富的多樣性使化學家可以製造出許多不同的醫藥，用來對抗人類的各種疾病。

14.3 利用化學療法對抗疾病

　　所謂的**化學療法**是利用藥物來摧毀導致疾病的東西，而不會傷害到患者。這種方法在治療多種疾病上，堪稱效果良好，例如細菌感染、病毒感染及癌症的治療。這方法之所以奏效，是因為它運用了病原（引起疾病的東西）與寄主（人體細胞）之間的差異性。

磺胺類藥物與抗生素可以治療細菌感染

　　磺胺類藥物是在 1930 年代問世的合成藥物，用來治療細菌感染。這類藥物就是利用人類與細菌的顯著差異，來發揮藥效。雖然人類和細菌都需要葉酸這種營養素來維持健康，但人體可以從食物中吸收葉酸，細菌卻辦不到，它們必須自己製造。因此，細菌生來就具有從「對胺基苯甲酸」（PABA）合成葉酸的酵素。PABA 是一種較簡單的分子，存在所有細菌細胞內。當 PABA 與細菌酵素的受體部位結合後，將被轉變成葉酸，如圖 14.6 所示。

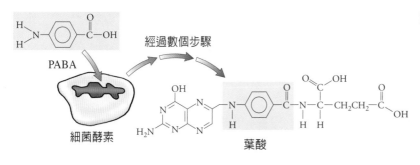

圖 14.6
細菌酵素利用對胺基苯甲酸（PABA）合成葉酸。

磺胺類藥物與 PABA 具有非常相似的結構，被感染細菌的患者
服用之後，磺胺類藥物會在體內轉化成磺苯醯胺（sulfanilamide），然
後與細菌酵素上的 PABA 受體部位結合，如圖 14.7 所示，因而阻礙
葉酸的合成。細菌缺乏葉酸，很快就會死掉。患者卻不受影響，因
為他（或她）可以從食物中獲取葉酸，繼續存活下去。

抗生素是阻止細菌生長的化學物質。它們是由黴菌、其他真菌
甚至細菌等微生物所製造的。青黴素（盤尼西林）是最早被發現的
抗生素。此後，許多青黴素衍生物（例如右頁圖 14.8 的青黴素 G），
陸續從微生物中提煉出來，或在實驗室中合成。青黴素和結構相近
的頭孢菌素（cephalosporins，見右頁圖 14.8）之所以能夠殺菌，是因
為它們能抑制強化細菌細胞壁所需的酵素，使該酵素失去活性，如
此細菌的細胞壁會愈來愈脆弱，終究導致細胞爆破。

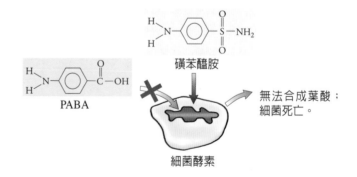

圖 14.7

所有的磺胺類藥物進入人體後，都會轉變成磺苯醯胺，這種化合物會與細菌的
酵素結合，使細菌無法由 PABA 合成葉酸。

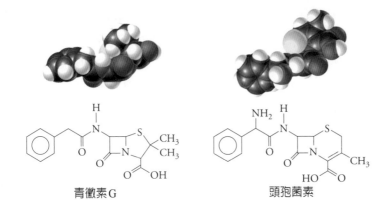

青黴素G　　　　　　　頭孢菌素

圖 14.8

青黴素和頭孢菌素以及許多其他
種抗生素，都是從微生物製造的
東西。這些微生物可以先行大量
培養後，再從中蒐集與純化它們
的抗生素產物。

觀念檢驗站

爲什麼磺苯醯胺會殺死細菌，卻對人體沒有影
響呢？

你答對了嗎？

磺苯醯胺之所以對細菌有毒害，是因爲它會防止細
菌合成存活所需的葉酸。人類可以從飲食中攝取葉
酸，因此不受磺苯醯胺阻礙葉酸合成的干擾。

化學療法可以抑制病毒複製的能力

　　到目前爲止，化學療法應用在治療細菌感染的成效，比用在治
療病毒感染還好。也許治療病毒感染的最大障礙在於病毒本身的特
性。病毒在未侵入寄主時，是一團無生命的生物分子，你很難殺死

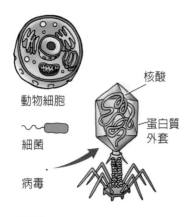

動物細胞

細菌

病毒

核酸

蛋白質
外套

圖14.9

病毒比細菌還要小得多，也比動物細胞小許多倍（注意看圖中那個代表病毒的小黑點）。病毒可說是最小的病原，它們主要是由蛋白質包裹核酸（RNA或DNA）所構成的東西。

不是活著的東西。如圖14.9所示，一個典型的病毒是由一條或若干條RNA或DNA，包在一個蛋白質外套內所構成的東西。病毒感染細胞時，會先附著在細胞表面，然後把它們的遺傳物質注射到細胞內。一旦進入細胞後，病毒的遺傳物質會併入寄主的DNA，並由寄主細胞加以複製。最後，寄主細胞會因為塞滿了複製的病毒而爆破，釋出的新病毒再去感染其他的寄主細胞。

最常見的抗病毒藥物要算是核苷（nucleoside）的衍生物，核苷是類似核苷酸（請見13.5節）的物質，只是少了三磷酸根。所有的細胞內都有游離的核苷，它們被細胞用來合成RNA或DNA。不過，在使用前，核苷必須先接上三磷酸根，如右頁圖14.10所示。各種人工的核苷衍生物，在遇到病毒感染的細胞，會立即被接上三磷酸根，未受病毒感染的細胞則不會有此反應。右頁圖14.11顯示兩種人工的核苷衍生物：無環鳥苷（Acyclovir，商品名為Zovirax）以及疊氮胸苷（Zidovudine，商品名為AZT）。一旦併入受病毒感染的寄主細胞的RNA或DNA，這些核苷衍生物就會破壞蛋白質的合成，使受感染的細胞還來不及複製病毒就死掉了。因此，病毒的複製就算未中止，也受到控制。

無環鳥苷對治療疱疹很有效。口部疱疹是由單純疱疹病毒1（HSV-1）引起的，生殖器疱疹則是由單純疱疹病毒2（HSV-2）引起的。世上有超過90%的人感染過口部疱疹病毒，雖然很多感染者未出現症狀。生殖器疱疹是目前最普遍的性病，且尚無治癒的辦法。在美國，有大約三千萬人感染單純疱疹病毒2，同時根據估計，每年有二十萬到五十萬個新案例出現。

📘 圖 14.10

任何一種核苷（例如鳥苷），在被併入 RNA 或 DNA 之前，得先加上三磷酸根，才能活化。

📗 圖14.11

無環鳥苷（商品名為 Zovirax）是去氧鳥苷的衍生物，疊氮胸苷（商品名為 AZT）是去氧胸苷的衍生物。

　　疊氮胸苷是用來抑制人類免疫不全病毒（HIV）的複製，HIV 是引起後天免疫不全症候群（即愛滋病）的病毒（請見圖 14.12）。根據世界衛生組織的資料，在公元 2019 年初，全球已經有超過三千七百萬人感染 HIV 病毒，且有將近三千二百萬人已死於愛滋病。

　　HIV 的研究導致一群新抗病毒藥物的問世，它們是所謂的蛋白酶抑制劑（protease inhibitor）。包括 HIV 病毒在內的許多病毒，其生命週期都需要仰賴蛋白酶這種酵素的作用，而蛋白酶顧名思義是分解蛋白質的酵素。好比說，病毒會利用這種酵素來穿透寄主細胞表面上的蛋白質，或者將寄主的多胜鏈分解成胺基酸，以供應病毒複製所需要的原料。

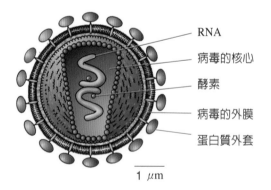

RNA
病毒的核心
酵素
病毒的外膜
蛋白質外套

1 μm

🏠 圖 14.12

這是 HIV 病毒的解剖圖。在第一次感染時，患者的免疫反應會消滅大多數的 HIV 病毒，不過有些病毒會潛伏在感染的細胞中，而逃過免疫反應的攻擊。經過幾年後，HIV 病毒再度活躍起來，顛覆寄主的免疫系統，使寄主容易被各種伺機性疾病（opportunistic diseases）趁虛而入，像是癌症或肺炎。

　　商品名為維拉塞特（Viracept）的奈非那韋（nelfinavir）是一種有效的蛋白酶抑制劑，請見圖14.13。接受雞尾酒療法的患者，也就是把一種蛋白酶抑制劑與幾種核苷抗病毒藥劑混合使用，可以把體內的HIV數量降低到可以偵測出來的濃度以下。雖然這種療方無法完全消除體內的HIV病毒，不過它大幅降低病毒數量的效果，卻可以顯著的延遲愛滋病的發作，並減少患者感染其他疾病的機率。

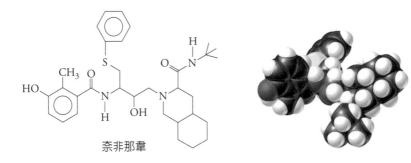

奈非那韋

◁ 圖14.13
蛋白酶抑制劑奈非那韋（nelfi-navir）的分子結構與模型。

觀念檢驗站

病毒的構造比細菌還要簡單得多，但為何利用化學療法治療病毒感染卻比較困難？

你答對了嗎？

化學療法是藉由干擾病原生存所需的化學反應，來達到治療效果的。當病原愈複雜，我們能干預它們生活週期的方式就愈多。病毒是非常簡單的東西，表示我們在化學療法上能採取的手段比較少。

癌症的化學療法會攻擊迅速成長的細胞

細胞每隔一段時間會失去控制自我生長的能力，開始迅速的分裂繁衍。在正常情況下，這些叛變的細胞會被免疫系統偵測到，並加以消滅。不過，偶爾它們會逃過這道防禦線，繼續無法無天的分裂下去。結果是產生一大團硬硬的組織，叫做腫瘤，剝奪了健康細胞所需的氧氣與營養。腫瘤細胞可能會從整團組織中脫離，並被帶到身體的其他部位，繼續迅速的繁衍，形成另一個腫瘤。隨著腫瘤的增長，愈來愈多的健康細胞受到影響，甚至死掉。最後全身的細胞都死掉，生命也就跟著結束了。這就是癌症，它在許多已開發國家高居第二大死因；目前的統計數字是，每六個人中就會有一人死於癌症。

說起來，癌症並非單一種疾病，而是一群各種不同疾病的統稱，每一種病都有各自的行為以及治療的難處。儘管有些癌症光是用化學療法就可以治療，但大多數的癌症除了化學療法，還需要搭配放射線療法及手術切除。

化學療法對治療早期的癌症效果最佳，因為藥物最能有效打擊正在進行分裂的細胞。在一個年輕的腫瘤中，它大多數的細胞正進行著一種稱做有絲分裂（mitosis）的細胞分裂。不過，隨著腫瘤的老化，這種生長階段的細胞分裂逐漸減少，因此對藥物的敏感度也隨之降低。再者，藥物也不可能把一個大型腫瘤的所有細胞都殺光光。好比說，在一個重量 100 公克的腫瘤中，可能含有近千億個細胞，就算殺死其中 99.9% 的細胞，還是會留下上億個細胞，這個數量仍然比患者的免疫反應所能應付的程度多出許多。如果以相同的

療法來對抗一個含有百萬個細胞，重50毫克的腫瘤，可能殘留的
1000個細胞，就很容易讓免疫系統給輕鬆解決了。因此，癌症的存
活率會因為早期的診斷，而大幅提高。所以我們鼓勵大家密切觀察
身體是否出現任何異樣的跡象，並找你的醫師定期做檢查。

　　遺憾的是，癌細胞並不是生物體內唯一會分裂的細胞。正常的
細胞也會定期分裂，人體內某些種類的細胞，例如腸胃道的細胞及
毛囊細胞，時常在進行細胞分裂。癌症的化學療法之所以被認為有
毒，正是因為它經常造成病患腸胃不適及掉髮。

　　DNA是許多抗癌化合物的攻擊目標，因為在細胞進行有絲分裂
時，捲曲的DNA構造會被解開，因此容易受到化學藥物的攻擊。有
很多種化學藥物可以用來選擇性的殺死正在分裂的細胞，例如圖
14.14所顯示的5-氟尿嘧啶（5-fluorouracil）。由於它的構造會被細胞
誤以為是尿嘧啶這個鹼基，一旦併入癌細胞的DNA，5-氟尿嘧啶的
非核苷酸結構會干擾DNA的正常工作，導致細胞死亡。

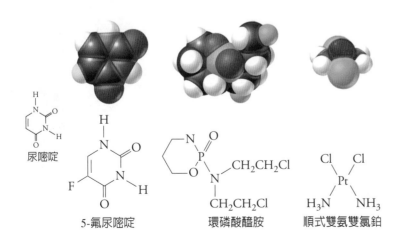

圖 14.14
這些抗癌藥物利用攻擊細胞的
DNA，來殺死分裂中的細胞。

　　另外，如上頁圖14.14中的環磷酸醯胺（cyclophosphamide）、順式雙氨雙氯鉑（cisplatin），則是更毒的藥劑，它們都能藉由與DNA形成化學鍵結，或與DNA雙螺旋的兩股結合，而破壞DNA的功能。還有一些抗癌藥物不是經由與DNA產生作用，來殺死癌細胞的。某些植物鹼，例如長春花鹼（見圖14.15）及紅豆杉醇，是藉由阻礙細胞產生分裂時所需的微構造，來殺死分裂中的細胞。

　　另一種攻擊的策略是從代謝途徑著手。癌細胞有很高的代謝速率，這表示它們非常需要仰賴一些生化營養素，例如右頁圖14.16的二氫葉酸（dihydrofolic acid）。抗癌藥物甲胺喋呤（methotrexate）在化學構造上十分類似二氫葉酸，它的作用是與癌細胞的二氫葉酸受體部位結合，因而干擾癌細胞的代謝反應。

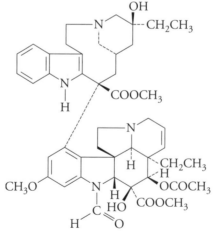

長春花鹼

🏠 圖14.15

長春花鹼是一種天然的植物鹼，有顯著的抗癌特性。它是從長春花（periwinkle）提煉出來的物質，長春花是熱帶與溫帶地區常見的觀賞植物。

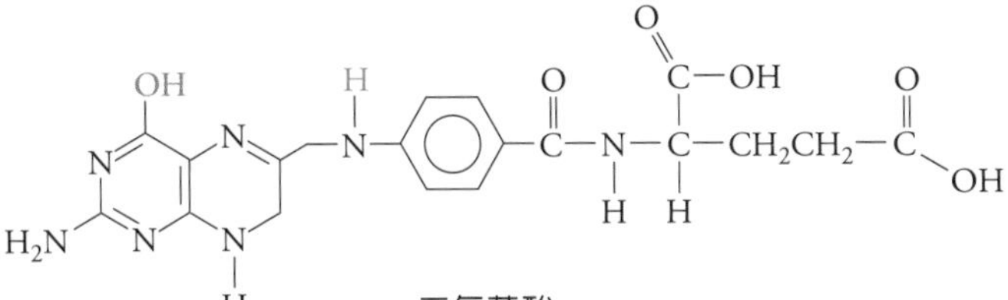

二氫葉酸

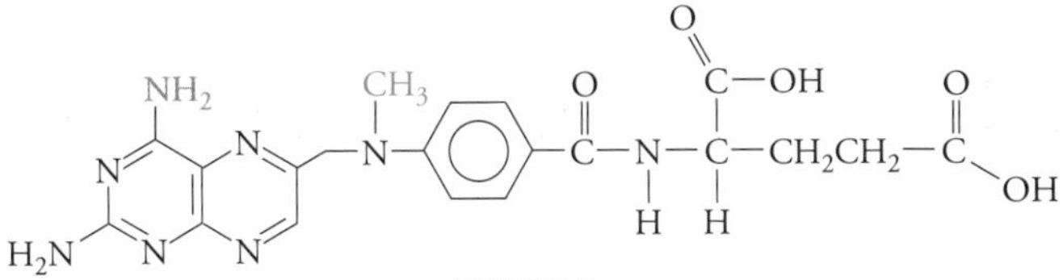

甲胺喋呤

◁ 圖 14.16
甲胺喋呤能在癌細胞的二氫葉酸
受體部位取代二氫葉酸，藉此干
擾癌細胞的代謝反應。

　　癌症的化學療法加上放射線療法或手術切除，可以有效的控制
甚至治癒許多種癌症。隨著我們對細胞運作方式的瞭解逐漸增長，
我們將愈來愈有辦法提升癌症患者整體的存活率。

14.4 阻撓懷孕有良方

　　在 1930 年代，人們發現注射黃體素可以維持一種假性懷孕的狀
態，在這期間，婦人不會排卵，因此也不可能受孕。口服的黃體素
不會有相同的效果，因為黃體素進入消化系統中很快就被分解掉
了。在 1950 年代早期，化學家發明了一些與黃體素非常相似的化合
物，而且即使口服，也能保有避孕的效果。最初的避孕藥在 1960 年
上市，它的成分包括仿黃體素羥炔諾酮（norethynodrel），以及一種動

情素衍生物美雌醇（mestranol），可以幫助調節月經週期。從此，許多黃體素和動情素的衍生物都被製成避孕藥，它們的避孕效果差不多是99%；表 14.3 列出一些用來避孕的藥物。今日，全球有超過六千萬名女性服用避孕藥。

藥名	化學結構	作用
羥炔諾酮		模擬黃體素的作用（仿黃體素）
美服培酮（mifepristone）		阻斷黃體素的作用（黃體素阻斷劑）
壬苯醇醚（nonoxynol-9）		殺死精子（殺精劑）

表 14.3 幾種避孕藥的結構與作用

　　能阻斷而非模擬黃體素作用的黃體素衍生物，也可做為有效的避孕藥。黃體素是維持懷孕狀態的重要荷爾蒙。當體內缺乏黃體素，或是黃體素的作用被阻斷時，子宮內膜會剝離，連帶將附著在內膜上的受精卵移除。目前市面上最有效的黃體素阻斷劑是美服培酮（mifepristone），又稱RU-486。不過，圍繞著美服培酮的一個爭議問題是，這種藥物並非防止受精的發生，而是防止受精卵著床在子宮內膜上。那些把受精卵視為生命的人，比較傾向反對美服培酮的使用；而那些認為受精卵與發育中的胎兒是兩回事的人，則比較能認同這種藥物的使用。

　　想要避孕，還可以利用殺精劑，例如表14.3中的壬苯醇醚（nonoxynol-9）。如果搭配保險套或子宮頸帽等阻隔法，殺精劑的避孕效果可達95%。

　　另一種避孕的方式是藉由降低男性的精子數量來達到目的。例如注射睪固酮，當這種荷爾蒙在血液中出現高濃度時，會抑制精子的製造。最近的研究發展出可以口服的睪固酮衍生物，這種男性的避孕藥能降低精液裡的精子數量，從每毫升中含有一億個精子的正常值，降到每毫升中少於三百萬個精子，這是非常低的濃度。只要正確的服用，這種藥物的避孕效果並不輸給女性的避孕藥；不過，長期服用對人體的影響目前還在研究中。

14.5 神經系統是由神經元構成的網路

　　許多藥物都是藉由作用在神經系統來發揮功效的。想要瞭解這些藥物如何作用，首先得知道神經系統的基本構造與功能。

思考、肢體動作、感官刺激等，都牽涉到電流訊號在體內的傳遞。這些訊號流通的管道，是由**神經元**（neuron）所構成的網路，而神經元是一種特化的細胞，能夠輸送電脈衝。首先，在所謂的靜止期，神經元排出鈉離子，為電脈衝的傳遞做準備，見圖 14.17 a。

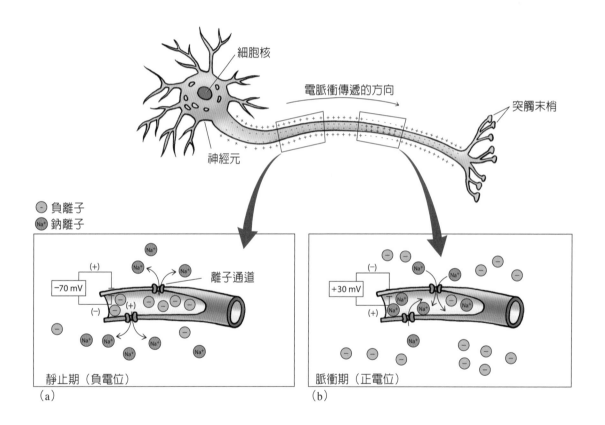

🏠 圖 14.17
（a）神經元在靜止期把鈉離子排出細胞外，造成細胞外的鈉離子濃度高於細胞內。這使得細胞膜內外形成大約 − 70 毫伏特的電壓。（b）在電脈衝傳遞期，鈉離子返流回細胞內，使細胞內外的電壓變成 ＋ 30 毫伏特。

　　當神經元外部的鈉離子比內部多時，會產生電荷的分離，導致細胞膜內外出現－70毫伏特的電位差。如左頁圖14.17 b所示，神經衝動是這種電位的逆轉，它會沿著神經元的軸突傳遞到突觸末梢（synaptic terminal）──當被排出細胞外的鈉離子返流回神經元時，就會發生電位的逆轉。電脈衝經過之處，神經元會再將鈉離子排出去，重新建立原有的離子分布情形，產生－70毫伏特的電位差。

　　與電迴路中的電線不同，大多數的神經元並未確實彼此相連，也沒有和它們所作用的肌肉或腺體相連。如圖14.18所示，神經元彼此之間或與肌肉、腺體之間，存在一個狹縫，叫做**突觸間隙**。

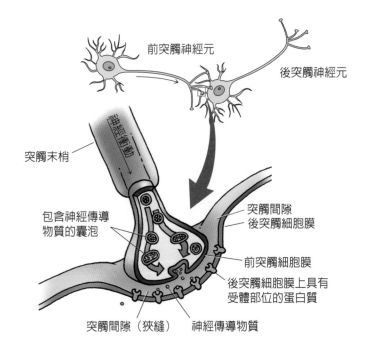

圖14.18
神經傳導物質通過一個突觸間隙的情形。

在每個神經元的突觸末梢，有許多包含著神經傳導物質的囊泡，當神經衝動傳遞到突觸間隙，囊泡裡的神經傳導物質便釋放到突觸間隙。**神經傳導物質**（neurotransmitter）是神經元釋出的有機化物，能夠活化受體部位。

一旦神經傳導物質釋放到突觸間隙，它會穿越間隙，來到對面的受體部位。如果受體部位是在後突觸神經元上，如上頁圖14.18所示，那麼與受體部位結合的神經傳導物質，將在那個神經元中引發一個神經衝動。要是受體部位是位在肌肉或器官上，那麼神經傳導物質結合上去之後，將引發某種身體反應，例如使肌肉收縮或是分泌荷爾蒙。

有兩種重要的神經元，分別是壓力神經元（stress neurons）和維護神經元（maintenance neurons）。這兩種神經元時時都在傳遞神經衝動，不過在面臨緊張狀況時，像是遇見一隻憤怒的熊或是準備上台演講時，壓力神經元比維護神經元還活躍。這就是「不抵抗就逃跑」反應（fight-or-flight response），因為恐懼會促使壓力神經元啓動快速的生理變化，以便對抗迫近的危險：這時我們的心神會變得很警覺；鼻腔與肺部的呼吸道全開，以吸入更多的氧氣；心臟跳得更快，來將充氧血輸送到全身各處；非必要的生理活動，例如消化作用，則暫時中止。

當心情放鬆時，像是坐下來一邊吃洋芋片一邊看電視，維護神經元比壓力神經元活躍。在這種情況下，消化液漸漸的分泌出來；小腸肌會把食物向前推移；瞳孔縮小讓視覺變敏銳；心跳速率則變得較緩慢。

觀念檢驗站

什麼是神經傳導物質？

你答對了嗎？

神經傳導物質是由神經元釋放到突觸間隙的有機小
分子，當它們與間隙對面的後突觸細胞膜上的受體
部位結合時，會引發神經衝動，影響周遭的組織。

生活實驗室：擴散神經元

神經衝動在一個神經元上傳遞的速率可以高達每秒 100 公尺（相當於每小時 360 公里），但神經
傳導物質橫越突觸間隙的速率僅約每秒 10^{-5} 公尺。之所以這麼慢，與神經傳導物質在突觸間隙
移動的方式有關。一旦神經傳導物質被釋放到突觸間隙，它們是藉由分子間隨意的碰撞而抵達
另一端的，這種過程就是擴散。

還記得在《觀念化學1》的 1.6 節中，我們提過分子運動會隨著溫度下降而變慢。我們可以透過
在水中加入食用色素，來觀察溫度對擴散作用的影響。

■ 請先準備：

食用色素、三個水杯、冰水、溫水、熱水。

■ 請這樣做：

1. 把冰水、溫水、熱水分別裝入三個水杯中。將這三杯水靜置幾分鐘，使水完全靜止下來。
2. 在每杯水中加入一滴食用色素。色素會先沉到杯底，然後開始擴散。計算每杯水顏色變均勻
   所需的時間。

生活實驗室觀念解析

由於分子的移動會隨著溫度下降而變慢，因此神經傳導物質在突觸間隙擴散的速率會隨著溫度降低而慢下來。這是冷血動物在冷天中變得比較遲緩的原因之一。隨著神經傳導物質在突觸間隙的擴散趨緩，神經衝動傳遞到目標肌肉的速率也變慢了。

當你在冷天的戶外且缺少保暖衣物時，你也許會發現自己的四肢末梢有點麻麻的，而且肌肉也變得比較遲鈍。這不僅是因為神經傳導物質在突觸間隙的擴散速率減緩的原因，也是因為你的身體會將血液從四肢末梢導回內臟器官，做為禦寒的因應。不過，神經元傳導的速率得視血液供應而定。隨著血液供應減少，神經元失去所需的氧氣與營養，因而開始停擺，結果就產生了麻痹的感覺或是肌肉失去控制。同樣的，要是你坐在你腿上好一段時間，腿也會暫時失去知覺。冰敷就是利用相同的原理來發揮功效的。

大多數（而非所有）神經元的連結，需要仰賴神經傳導物質通過突觸間隙。不過，與控制眼動的肌肉相連的神經元則不同，它們利用所謂的電突觸（electrical synapse）與肌肉相連，中間並沒有間隙。這些高速的直接連結提供迅速、急動的眼動，這是很實用的特徵。某些魚類在尾巴上也有電突觸，這種設計讓牠們可以迅速逃離掠食者。

這裡要順便一提的是，在這個實驗中你也許會發現食用色素在向下沉降時，形狀頗像一個神經元細胞的樣子，在它的末梢還有類似球塊的突觸終端呢！

各種重要的神經傳導物質

從化學層面來看，壓力神經元和維護神經元，可以藉由它們使用的神經傳導物質種類來區分。壓力神經元主要使用的神經傳導物質是正腎上腺素，而維護神經元則以乙醯膽鹼做為主要的神經傳導物質，兩者的分子結構請見右頁圖 14.19。後面我們將看到，許多藥

物都是藉由改變壓力神經元與維護神經元兩者活動之間的平衡關係，來發揮藥物的功能。除了正腎上腺素和乙醯膽鹼，還有許多其他的神經傳導物質會引發各式各樣的反應。多巴胺、血清張力素、γ 胺基丁酸是其中的三種例子，它們的分子結構請見圖14.20。

　　多巴胺是活化腦部下視丘獎賞中心（reward center）的重要物質，下視丘位在大腦下方的中間地帶，如次頁圖14.21所示。下視丘是控制情緒反應與行為的中樞，利用多巴胺刺激獎賞中心，會產生一種快樂陶醉的感覺，這是一種被誇大的幸福感。

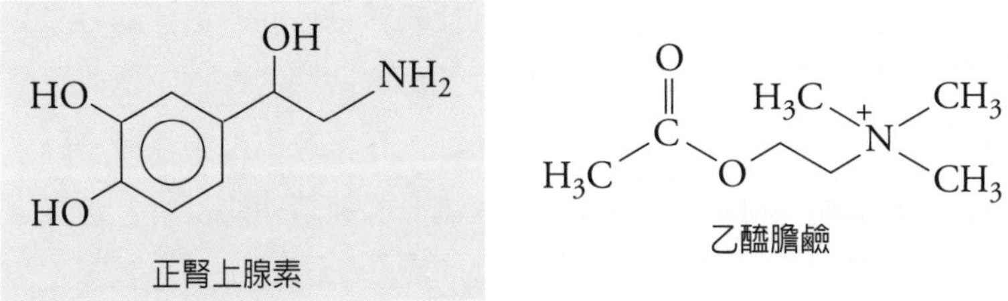

◁ 圖14.19
正腎上腺素（壓力神經元的神經傳導物質）和乙醯膽鹼（維護神經元的神經傳導物質）的化學結構。

正腎上腺素

乙醯膽鹼

多巴胺

γ 胺基丁酸 (GABA)

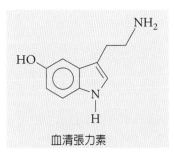
血清張力素

圖14.20
三種重要的神經傳導物質的化學結構。

圖 14.21
人類的腦部。

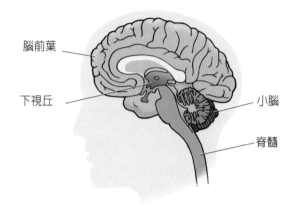

脑前葉

下視丘

小腦

脊髓

　　身體反應的控制終究是要讓我們能夠執行像開車或彈鋼琴之類的複雜工作。情緒反應的控制則讓我們修飾我們的行為，例如在緊張的社會互動中，克服焦慮的情緒，或是在緊急事件中保持冷靜。大腦利用抑制神經衝動的傳導，來控制身體與情緒的反應。負責這種抑制作用的神經傳導物質是 γ 胺基丁酸（GABA），它是腦部主要的抑制性神經傳導物質。要是沒有 γ 胺基丁酸，我們便無法自如的控制身體的動作或主宰我們的情緒。

　　血清張力素是另一種大腦用來阻斷不必要神經衝動所使用的神經傳導物質。想要對周遭世界有所理解，大腦前葉會選擇性阻擋掉來自下腦及神經系統其他部位的各種信號。我們並非生來就具有這種選擇性阻擋訊息的能力，為了對這個世界產生適當的焦點，新生兒必須從經驗中學到，不論是內在或外在的光線、聲音、氣味、感覺等等，都需要減弱訊號。在一個健康成熟的大腦裡，血清張力素能成功的抑制下腦的神經訊號。一旦篩檢過的訊息抵達上腦，便能很快的被分類處理。

　　模擬血清張力素作用的藥物，能改變大腦處理訊息的能力，使我們的知覺發生改變，迷幻藥 LSD 就是這一類的東西。不過，LSD 的使用者在出現幻覺時，很少看到本來就不存在的東西，而是會把本來存在的東西，看成是其他的東西。

觀念檢驗站

請將下列的神經傳導物質與它們的主要功能搭配起來：

1. 正腎上腺素　　a. 抑制神經傳導。
2. 乙醯膽鹼　　　b. 刺激獎賞中心。
3. 多巴胺　　　　c. 選擇性阻斷神經衝動。
4. 血清張力素　　d. 維持受壓的狀態。
5. γ胺基丁酸　　e. 維持放鬆的狀態。
　（GABA）

你答對了嗎？

1.d，2.e，3.b，4.c，5.a

14.6 興奮劑、迷幻藥與鎮定劑

　　任何影響心智或行為的藥物都被歸類為「**精神藥物**」。本節中，我們把焦點放在三類精神藥物：興奮劑、迷幻藥、鎮定劑。

興奮劑活化壓力神經元

興奮劑藉由增強我們對刺激反應的強度,使我們暫時出現知覺提高、思想敏捷、心情飛揚的現象。安非他命、古柯鹼、咖啡因、尼古丁,是四種普遍為人所知的興奮劑。

安非他命這一類的興奮劑,包括安非他命(amphetamine;別名叫「速率」,speed)這種化合物本身,以及它的衍生物,像是甲基安非他命(methamphetamine)和假麻黃鹼(pseudoephedrine)。若你把圖14.22的化學結構與圖14.19及圖14.20中的化學結構相比,你就能發現它們和正腎上腺素及多巴胺等神經傳導物質頗為相似。因此,我們可以想見安非他命會與這些神經傳導物質的受體部位結合,模擬它們的作用,包括「不抵抗就逃跑」反應,並且還能讓人出現飄飄然的愉悅感。

圖 14.22
安非他命及它的衍生物與正腎上腺素及多巴胺等神經傳導物質,有十分相似的結構。

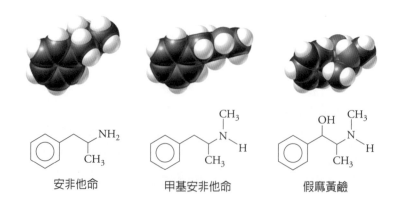

安非他命　　　　甲基安非他命　　　　假麻黃鹼

　　不過，安非他命不僅能模仿正腎上腺素及多巴胺的作用，安非他命也會阻礙神經傳導物質的回收，使這些物質在突觸間隙的濃度高居不下。正常情況下，神經傳導物質在後突觸受體部位完成任務後，會再被前突觸神經元吸收，這種過程叫做**神經傳導物質的回收**（neurotransmitter re-uptake），如圖14.23所示，這是身體循環利用神經傳導物質的方式，畢竟這些分子合成不易。某種鑲嵌在細胞膜上的特殊蛋白質，負責把用過的神經傳導物質收回到前突觸神經元。由於安非他命能與正腎上腺素及多巴胺的回收蛋白質結合，導致這些神經傳導物質聚集在突觸間隙，濃度高過正常值。

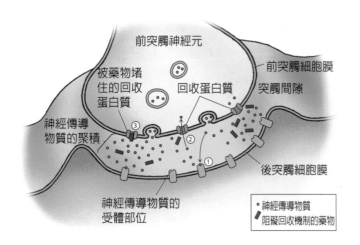

圖 14.23
① 神經傳導物質與它們的後突觸受體部位結合。② 神經傳導物質被前突觸神經元回收，前突觸神經元藉由前突觸細胞膜上的蛋白質，再釋出神經傳導物質。③ 干擾神經傳導物質回收的藥物，將造成神經傳導物質在突觸間隙聚積。

因為安非他命能帶來興奮與快樂，使它很容易被濫用。使用安非他命的副作用包括失眠、煩躁、沒胃口、妄想症，並且對心臟的傷害很大。心肌的過動容易造成撕裂，後續的組織疤痕終究導致衰弱的心臟。再者，安非他命會造成血管收縮，使血壓上升，因而提高心臟病或中風的機率。目前科學家尚未完全明白毒癮是怎麼產生的，不過他們倒是知道這牽涉到生理上與心理上的依賴。所謂的**生理依藥性**，是指需要持續用藥以避免引發戒斷症狀；就安非他命而言，戒斷症狀包括憂鬱、疲勞、想吃東西的強烈慾望。所謂的**心理依藥性**，是一種繼續吸毒的渴望；這種渴望恐怕是毒癮中最嚴重且最難以自拔的問題，它可以一直持續到把生理依藥性戒斷後，仍無法消除這種慾望，因此往往導致新一輪的吸毒行為。

另一種更惡名昭彰的興奮劑是古柯鹼（請見圖 14.24），這是來自南美洲古柯樹中的一種天然物質，在當地原住民的宗教儀式中使用多年，也被拿來當做長途打獵旅程中保持清醒的輔助劑。人們可以咀嚼古柯樹的葉片，或是將葉片磨成粉末，以鼻子吸入。一旦進入血液中，古柯鹼會製造一種飄然愉快的感覺，且會增加一個人的精力。要是與表皮接觸，古柯鹼還可當作一種頗強的局部麻醉劑。最初當古柯鹼於 1860 年從植物提煉出來後，在接下來的幾十年內，它被當作一種局部麻醉劑，應用在眼科手術及牙齒治療上；直到二十世紀初期發現了更安全的局部麻醉劑後，才停用。

古柯鹼和安非他命在成癮的問題上，具有相似的特性，不過古柯鹼的成癮性更強。由鼻腔吸入的古柯鹼是一種氫氯鹽，至於叫做「快克古柯鹼」的游離鹽基古柯鹼，也同樣遭人濫用。和黑街熟知的「冰」（即游離鹽形式的甲基安非他命）一樣，快克古柯鹼容易揮發，因此也可以透過吸入的方式來追求一種強烈、但具有高度危險

🏠 圖 14.24

古柯鹼的化學分子結構。

性及成癮性的快感。安非他命和古柯鹼在體內的作用相同,不過古柯鹼在阻礙多巴胺被神經元回收的作用上,要比安非他命強烈得多;圖14.25顯示古柯鹼的作用方式。

當大腦獎賞中心的突觸間隙裡,因為古柯鹼堵住了回收途徑而積滿多巴胺時,就會使人產生飄然愉悅的感覺。只要古柯鹼一直阻礙前突觸神經元回收多巴胺,多巴胺就會在突觸間隙持續作用,結果造成獎賞中心維持刺激中的狀態。不過這種飄然愉悅的狀態只是暫時的,因為間隙中的酵素會代謝多巴胺,使它失去活性。一旦古柯鹼被酵素代謝,多巴胺又可以重新回收。不過,這時候突觸間隙裡已沒有多少多巴胺可待回收。前突觸神經元也無法再提供足量的多巴胺,以及製造足量的多巴胺。總結果就是導致多巴胺的耗損,最後引發嚴重的憂鬱症。

■ 圖 14.25
古柯鹼會影響大腦獎賞中心的突觸間隙裡的多巴胺濃度。

- ○ 多巴胺
- •○ 被分解的多巴胺
- 古柯鹼
- 被分解的古柯鹼
- 酵素

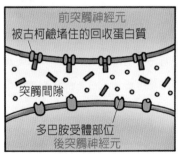

① 當古柯鹼堵住多巴胺的回收途徑,會使多巴胺在突觸間隙累積,濃度居高不下。古柯鹼就是利用這樣的原理使人產生飄然愉悅的感覺。

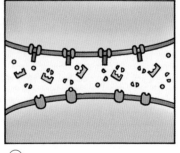

② 多巴胺在突觸間隙分解等待回收時,被酵素分解掉了。

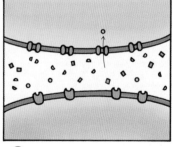

③ 古柯鹼也被分解掉,回收多巴胺的途徑不再堵住,這時突觸間隙或神經元已沒有多少多巴胺,於是古柯鹼的使用者感到極度的沮喪憂鬱。

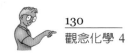

　　長期使用古柯鹼或安非他命，會導致神經系統的衰敗。由於身體瞭解這些藥物所帶來的過度刺激作用，爲了因應這種過度刺激，身體會製造出更多抑制性受體部位，給那些抑制神經傳導的神經傳導物質使用，因而對這些藥物產生耐受性。於是，吸毒者爲了獲得同等的刺激效果，不得不增強毒品的使用劑量，這將誘使身體製造更多抑制性的受體部位。長期下來的結果是，吸毒者體內天然的多巴胺及正腎上腺素的濃度，不足以彌補過量的抑制性受體部位，使吸毒者持續出現性情的改變。

觀念檢驗站

安非他命和古柯鹼以哪兩種方式發揮它們的作用？

你答對了嗎？

突觸間隙裡的安非他命和古柯鹼，皆能模仿神經傳導物質的作用；它們也會阻礙神經傳導物質的回收，導致神經傳導物質聚集在間隙中。安非他命的主要作用是仿效神經傳導物質，而古柯鹼的主要作用則是阻斷神經傳導物質的回收。

　　另一種較溫和且合法的興奮劑是咖啡因，請見右頁圖 14.26。有人提出幾種機制來解釋咖啡因的刺激作用，其中最直接的機制是咖啡因能輔助正腎上腺素釋放到突觸間隙。咖啡因對身體還有許多其

他的作用，像是擴張動脈、鬆弛支氣管及腸胃道的肌肉、促進腎臟排尿、刺激胃酸分泌等等。

　　我們從很多天然的物質中都可以吃到咖啡因，例如咖啡豆、茶葉、可樂果（kola nut）、可可豆等。可樂果萃取液被用來製造可樂飲料，可可豆經過烤熟、磨碎後，被用來製造巧克力（不要把可可cocoa與生產古柯鹼的古柯樹coca搞混了）。咖啡因很容易從這些天然物質中分離出來，只需利用高壓二氧化碳，就可以選擇性的溶解出咖啡因。因此，飲料業者要生產「去咖啡因」的飲料，是很容易辦到的事，只是很多這類產品依然含有少量的咖啡因。

　　有趣的是，可樂的製造商在生產飲料時，是使用去咖啡因的可樂果萃取液，咖啡因則是在另外的步驟中添加進去的，以確保飲料中含有特定的咖啡因濃度。在美國，每年大約有兩百萬磅的咖啡因添加到軟性飲料中。下頁表14.4顯示各種產品的咖啡因含量。提供給大家參考的一點是，大多數成人每天可以承受的咖啡因量最多不超過1500毫克。

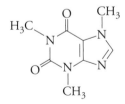

咖啡因

🏠 圖14.26

咖啡因的分子結構。

表 14.4 各種產品中的咖啡因含量	
產品	咖啡因含量
煮過的咖啡	100～150 毫克／杯
即溶咖啡	50～100 毫克／杯
去咖啡因咖啡	2～10 毫克／杯
紅茶	50～150 毫克／杯
可樂汽水	35～55 毫克／12 盎司
巧克力棒	1～2 毫克／盎司
興奮劑（成藥）	100 毫克／劑
止痛劑（成藥）	30～60 毫克／劑

　　另一種合法、但遠比咖啡因還毒的興奮劑是尼古丁。稍早我們提過，菸草植物會製造尼古丁，做為一種對抗昆蟲的化學武器。這種化合物作用很強，只要大約60毫克，對人體便有致命的危險，而單單一根香菸就可能含有5毫克的尼古丁。不過，大多數的尼古丁都被燃燒的菸灰所產生的高溫給破壞掉了，因此通常抽菸的人只會吸入1毫克不到的尼古丁。

　　尼古丁和作用在維護神經元的神經傳導物質乙醯膽鹼有相似的結構，見右頁圖14.27。因此，尼古丁分子能夠與乙醯膽鹼的受體部位結合，並啟動許多乙醯膽鹼的作用，包括放鬆身心與促進消化，這也可以說明為何癮君子會覺得飯後來根菸，快樂似神仙。此外，肌肉收縮也需要乙醯膽鹼，因此癮君子可能在剛抽完菸後感到一點肌肉的刺激作用。不過在這些最初的反應之後，尼古丁分子仍舊占

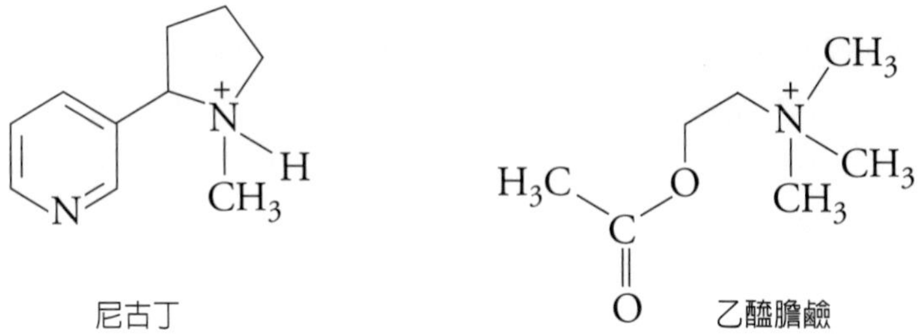

圖 14.27
由於尼古丁與乙醯膽鹼的結構相似，所以能夠與乙醯膽鹼的受體部位結合。

尼古丁

乙醯膽鹼

據在乙醯膽鹼的受體部位上，阻礙乙醯膽鹼與受體部位的結合，結果就造成這些神經元的活性受到抑制。

還記得我們提過，維護神經元和壓力神經元兩者總是不斷的運作著。因此，抑制其中一種神經元的活性，會增加另一種的活性。所以，當尼古丁抑制維護神經元，也就同時幫助壓力神經元，使得癮君子的血壓上升，增加心臟的負擔。

在大腦中，尼古丁是直接藉由增加壓力神經傳導物質（例如正腎上腺素）的分泌，來影響壓力神經系統；尼古丁也會增加獎賞中心的多巴胺濃度；再者，尼古丁一旦被吸入，將是作用快速的藥物，這些因子都讓尼古丁成為很容易上癮的東西。動物實驗顯示，吸入性尼古丁的上癮性大約比注射性海洛因高出六倍。由於尼古丁很快就會排出體外，戒斷症狀會在抽菸後一小時開始出現，這表示抽菸的人很容易一根接一根的抽下去。

雖然明知抽菸是惡習，但美國還是有大約4,600萬名吸菸人口。而且在美國，每年大約有45萬人死於與菸草相關的健康問題，像是肺氣腫、心臟衰竭、以及各種癌症，尤其是肺癌，這主要是由菸草

的焦油成分所引起。有些人利用尼古丁口香糖或尼古丁皮膚貼布來
舒緩菸癮。不過,無論用什麼方式,想要奏效,抽菸者首先必須眞
心誠意的想要戒菸才可以。

觀念檢驗站

咖啡因和尼古丁皆會增加神經系統的壓力,只
是方法不同。請簡述兩者的差別。

你答對了嗎?

咖啡因會刺激壓力神經傳導物質正腎上腺素的分
泌,而尼古丁是既能抑制維護神經傳導物質乙醯膽
鹼的作用,又能增加正腎上腺素的分泌。

迷幻藥和大麻鹼會改變認知

迷幻藥(hallucinogen)又稱放心藥(psychedelic),是指那些能改
變視覺認知及扭曲時間感的藥物。迷幻藥對心情、思考模式及行
爲,有顯著的作用。迷幻藥可分爲兩大類:二乙基麥角酸醯胺
(lysergic acid diethylamide,簡稱LSD)及三甲氧苯乙胺(mescaline,又
稱梅斯克林)。另一類很相似的藥物是大麻鹼,這是大麻植物中所含
的特殊成分,有改變精神狀態的作用。大麻鹼不會改變視覺認知,
因此不算眞正的迷幻藥。不過它們倒是在另一些方面具有迷幻藥的
性質,例如能改變我們對時間的感覺。

　　LSD是典型的迷幻藥。如圖14.28所示，它的分子結構非常類似血清張力素，這種相似性讓LSD可以活化血清張力素的受體部位，甚至做得比血清張力素還好。這表示有異常高數量的神經衝動受到阻礙，使人變得更加精神沮喪。由於LSD能夠干擾血清張力素的正常運作，使得LSD的使用者對現實世界產生錯亂。LSD也能刺激獎賞中心，它所造成的感官整合的改變，通常（但並非總是）帶來愉快的感受。LSD還會引發壓力神經元，導致瞳孔放大、血壓升高、心跳增快、噁心、顫抖。這些壓力反應會將使用者的心情轉變成慌張、焦慮。因為LSD屬於非極性分子，當它進入體內，可能被大量的包藏在同樣是非極性的脂肪組織中，幾個月後才會釋放出來，導致輕微的症狀再度出現。

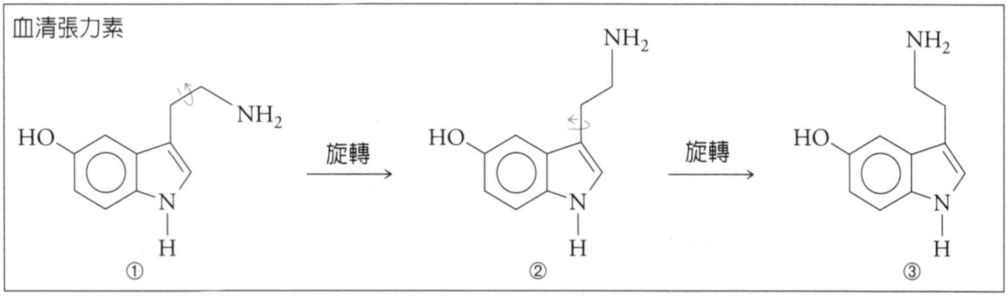

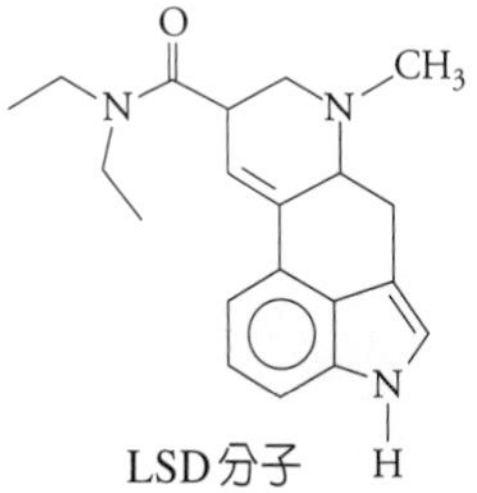

圖14.28
血清張力素的側基可以旋轉成幾種構形。不過，在結合到受體部位後，側基比較可能維持在構形③。注意LSD分子如何與構形③重疊，因此LSD可以看成是一種修飾過的血清張力素分子，它的側基維持在理想的構形上，以方便與受體部位結合。

LSD分子

　　1970 年代初期，美國黑街以苯乙胺（phenylethylamine）的衍生物（請見圖 14.29）做為迷幻藥，有明顯的增加趨勢。最初人們是對梅斯克林（mescaline）感興趣，梅斯克林這種迷幻藥源自美國西部原住民在宗教儀式中使用的幾種仙人掌，例如佩奧特仙人掌（peyote cactus）。後來的人工合成衍生物，例如亞甲基雙氧安非他命（methylenedioxyamphetamine，簡稱 MDA），也漸漸受到歡迎。

　　和 LSD 不同的是，這些迷幻藥不是藉由與血清張力素的受體部位結合來發揮作用的，它們的方法是刺激神經元分泌過量的血清張力素。由於這個途徑不像 LSD 的方式那麼直接，因此這些藥物的效力比 LSD 差二百到四千倍。所以，如果使用梅斯克林和 MDA 要達到預期的效果，得使用較高的劑量，這會導致許多其他的效應出現，例如壓力神經元受到顯著的刺激。此外，長期使用這些化合物同樣會產生戒斷症狀。

圖 14.29
苯乙胺的迷幻藥衍生物。

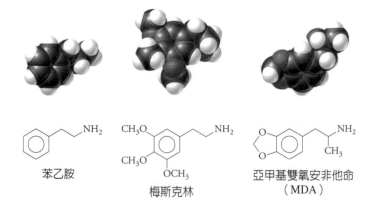

苯乙胺　　　　梅斯克林　　　　亞甲基雙氧安非他命（MDA）

　　大麻鹼是大麻（*Cannabis sativa*）中能改變精神狀態的活性成分。每一種大麻的大麻鹼濃度有很大的差異，最原始的大麻品種含有極少量的大麻鹼，好幾世紀以來，人們把這種植物當作極佳的纖維來源。那些能用來吸食、以求改變精神狀態的大麻品種中，平均含有4%的大麻鹼衍生物，其中活性最強的是四氫大麻酚（Δ^9-tetrahydrocannabinol，簡稱THC），請見圖14.30。

　　THC如何發揮作用以改變精神狀態，目前尚未全盤瞭解。1990年，科學家發現專門與THC分子結合的受體部位。幾年後，又發現人體內會自然產生一種能與此受體部位結合的胜肽分子，一旦結合後，會引發類似大麻的反應。這些結果暗示著THC是利用模仿這個自然產生的胜肽，來發揮功能的。

　　最明顯的作用是，大麻鹼會聚集在大腦中負責整理短期記憶的部位。我們一切的經驗都會經過這個處理中心，只是有些經驗容易被丟棄，例如某天早上你去散步時看到人行道上的一個裂縫；有些經驗則會儲存到長期的記憶中，例如你的第一次約會。大麻鹼會破壞這種記憶歸檔的系統，使得記憶無法適當的被整理分類。

　　此外，在大麻鹼的作用下，使用者可能出現時間錯亂及頭腦不清的情形。大麻鹼的另一種作用是睡不安穩，在睡眠的快速動眼期（REM），大腦會整理各種記憶，那些吸食大麻的人失去睡眠中的快速眼動期，將導致第二天全身煩躁不對勁。一旦記憶歸檔中心清理掉大麻（這也許要花個幾天到幾週），大腦會出現特別長的快速眼動期，來彌補失去的時間。

四氫大麻酚

△ 圖14.30
四氫大麻酚（THC）的分子結構。

鎮靜劑會抑制神經元執行神經衝動的能力

鎮靜劑是一類能夠抑制神經元執行神經衝動的藥物。乙醇、苯二氮平（benzodiazepines）是兩種鎮靜劑的例子。乙醇就是酒精，它是目前使用得最普遍的鎮靜劑，其分子結構如圖14.31所示。酒精最初的作用是壓抑社交的克制性，使人變得心情飛揚。不過，酒精不算是一種興奮劑。從第一口到最後一口，身體系統都受到酒精的抑制作用。在美國，約有三分之一的人口（或說一億人）會喝酒，每年在美國因為喝酒而死亡的人數約有15萬人。這些人死亡的因素包括單純的飲酒過量、飲酒過量加上使用其他的鎮靜劑、酒精誘發的暴力罪行、肝硬化，以及酒後開車肇事等。

苯二氮平是一類強效的抗焦慮劑。和許多其他種鎮靜劑相較之下，苯二氮平是相當安全的藥物，且很少引發心臟血管及呼吸系統的壓制。它們的鎮靜效果是在1957年偶然發現的：在一次例行的實驗室大掃除中，人們發現有一種化合物已在架上靜置了兩年，便將它送去做例行的檢驗，即便當時人們認為與它結構相似的化合物已不具有藥物活性。

CH₃CH₂—OH
乙醇

☐圖14.31
酒精的分子結構。

　　然而這個特殊的化合物，含有一個罕見的七邊形環狀物，如圖
14.32所示，它是當今已知的氯二氮平（chlordiazepoxide）。氯二氮平
對人體具有明顯的鎮靜效果，它在1960年，以「利眠寧」（librium）
的商品名稱上市，是一種鎮靜、抗焦慮的藥物。過沒多久，研究者
又發現另一種藥性比氯二氮平強五到十倍的衍生物，叫做二氮平
（diazepam）。1963年，二氮平以商品名稱「煩寧」（valium）上市。

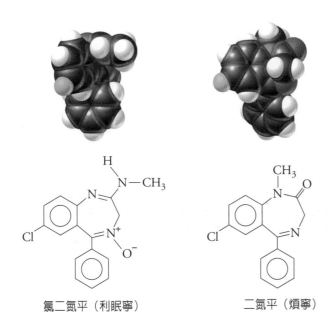

氯二氮平（利眠寧）　　　　　二氮平（煩寧）

圖14.32
屬於苯二氮平類的「利眠寧」和「煩寧」。

　　酒精與苯二氮平主要是利用增強GABA的作用來發揮鎮靜效果。如圖14.33所示，GABA會與神經元細胞膜上的受體部位結合，而阻礙神經衝動的傳遞（GABA的受體部位位在一個貫通細胞膜的通道蛋白）。圖14.33 a 顯示，當GABA與受體部位結合後，會使通道打開，允許神經元細胞外的氯離子游入細胞內，導致神經元細胞內部堆積了許多負電荷，使細胞膜內外維持著負電位，因而抑制電位的逆轉（即由負電位變成正電位），造成神經衝動無法沿著神經元傳遞下去（如果你覺得對這個部分不太瞭解，可以翻回圖14.17去複習一下）。

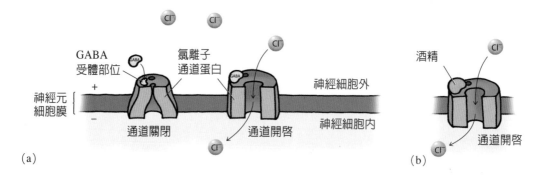

圖 14.33

（a）當GABA與它的受體部位結合時，會使通道蛋白打開，讓帶負電的氯離子流進神經元內，造成神經元內累積了高濃度的負離子，阻礙細胞膜內外電位的逆轉（從負到正）。然而這種電位逆轉是傳遞神經衝動所必需的，如果無法逆轉，神經衝動便無法沿著神經元傳遞下去。 （b）酒精利用與GABA的受體部位結合，來模仿GABA的作用。

　　酒精利用與GABA的受體部位結合，來模仿GABA的作用，使氯離子進入神經元，如左頁圖14.33 b所示。酒精的作用具有劑量依賴性，也就是喝愈多酒，作用愈強。在酒精濃度低時，僅少量的氯離子能夠進入神經元；這些低濃度的離子會降低人們的克制力、改變判斷力、損害肌肉的控制力。當喝酒的人繼續喝酒，神經元內的氯離子濃度也會隨之上升，反射動作和意識會逐漸消弱，最後出現昏迷，終告不治死亡。

　　還記得前面我們討論古柯鹼和安非他命時，曾提到身體對長期濫用這些興奮劑的反應，是創造出更多抑制性受體部位。同樣的，身體也會察覺酒精帶來過量的壓抑性作用，因而試圖增加導致神經興奮的突觸受體部位的數量，做為補救，也因此發展出對酒精的耐受性。為了獲得同等的抑制效果，酗酒者不得不多喝一點，導致身體產生更多興奮性的突觸受體部位。最後，過量的興奮性受體部位將造成恆久的身體顫抖，酗酒者要嘛繼續喝更多的酒，不然就是以較困難的長期戒酒方式，才能減輕這個問題。

觀念檢驗站

當氯離子進入神經元內，會增加或減低神經元的活性？

你答對了嗎？

神經元內部的氯離子會使細胞膜內外維持著負電
位，這將抑制神經元傳遞神經衝動（請見第118頁
圖14.17）。因此，氯離子進入神經元內會減低神經
元的活性。

　　圖14.34顯示苯二氮平如何藉由與GABA受體部位相鄰的受體部
位結合，來發揮作用。苯二氮平結合在受體部位後，可幫助GABA
與受體部位結合。由於苯二氮平不會直接打開氯離子通道，因此過
量使用這種化合物，比過量使用酒精還不危險。正是因為這個原
因，使苯二氮平成為治療焦慮症狀的藥物之一。

圖14.34
苯二氮平的受體部位與GABA
的受體部位相鄰。（a）苯二氮
平無法自行打開氯離子通道。
（b）不過，苯二氮平能協助
GABA打開通道。

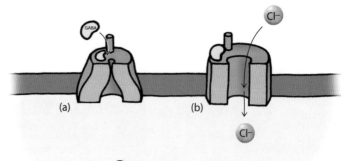

(a)　　　　　　(b)

苯二氮平

謹慎使用麻醉劑與止痛藥

　　肉體的疼痛是身體應付受傷所產生的複雜反應。從細胞層次來看，誘發疼痛的生化物質在傷口處迅速合成，導致腫脹、發炎及其他反應，來引起你的注意力。這些疼痛訊號經由神經系統傳送到大腦，在那裡產生疼痛的感覺。止痛藥就是靠著阻礙這個過程中的某種階段來發揮功效的，請見圖14.35。

　　麻醉劑（anesthetic）可以防止神經元傳遞感覺給大腦。局部麻醉劑可以用來麻醉表皮或是以注射方式去麻醉較深層的組織，這些溫和的麻醉劑可以應用在小手術或修補牙齒上。先前我們曾提過，古柯鹼是最先被用在醫療上的局部麻醉劑，而其他較沒有副作用的麻醉藥則很快就被發現。

疼痛的感知（可用需要醫師
處方的止痛劑來阻斷）

前列腺素的合成
（可用藥房買得到
的止痛藥來阻斷）

疼痛的傳遞（可用
麻醉劑來阻斷）

◁ 圖 14.35
當組織受傷時，疼痛訊號會傳遞到大腦。止痛藥能防止這種訊號的傳遞，抑制發炎反應，或阻礙大腦偵查疼痛的能力。

　　圖14.36顯示的是幾種常見的局部麻醉劑。通常，有強烈局部麻醉特性的分子，在結構上都有一個芳香烴環，透過某種長度的中間鏈，與一個胺基相連。由於苯佐卡因（benzocaine）缺乏一個胺基，因此活性較低，使它成爲藥房就可以買到的表皮麻醉劑（無需醫師處方），能紓解口瘡及曬傷疼痛。

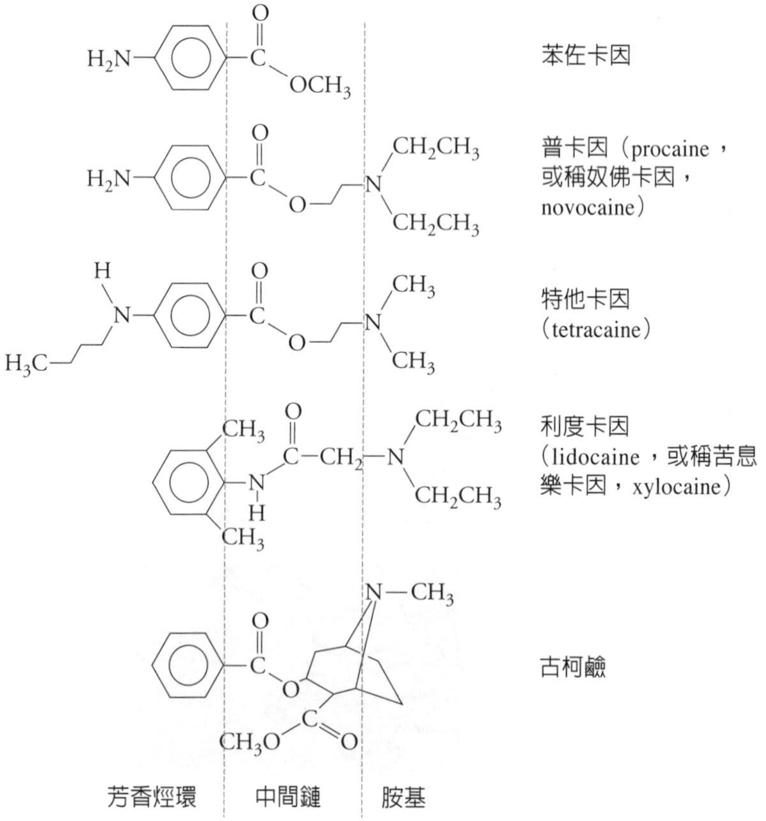

圖14.36
這些局部麻醉劑具有相似的結構特徵，包括一個芳香烴環、一個中間鏈、一個胺基。下次去看牙齒時，問問你的牙醫，他或她是用哪一種局部麻醉劑幫你治療。

苯佐卡因

普卡因（procaine，或稱奴佛卡因，novocaine）

特他卡因（tetracaine）

利度卡因（lidocaine，或稱苦息樂卡因，xylocaine）

古柯鹼

芳香烴環　　中間鏈　　胺基

全身麻醉（general anesthetic）則是讓患者失去意識，來阻斷疼痛的感覺。麻醉師常用的是吸入性（揮發性）全身麻醉劑，因為它允許麻醉師充分掌握麻醉劑的用量。如 12.3 節中所討論的，二乙醚（diethyl ether）是最早被使用的全身麻醉劑之一。圖 14.37 顯示的是兩種目前麻醉師最常使用的吸入性全身麻醉劑，也就是七氟烷（sevoflurane）和一氧化二氮（俗稱笑氣）。當這些化合物被吸入後，它們會進入血液中，並分散到全身各處。當它們在血液中的濃度到達某種程度，將使人失去意識，這對施行侵入性手術的患者很實用。不過，全身性麻醉得密切觀察監視，以免神經系統整個停擺，導致患者身亡。

止痛藥（analgesic）是那些能增強我們忍痛能力、但不會去除神經知覺的藥物。阿斯匹靈、伊普錠（ibuprofen）、拿百疼（naproxen）、乙醯胺酚（acetaminophen）等這些藥房買得到的止痛藥，會抑制前列腺素的形成，如次頁圖 14.38 所示。前列腺素是身體迅速合成的生化物質，以產生疼痛訊號。由於前列腺素會提高體溫，因此止痛劑也有退燒的功能。除了減輕疼痛與退燒，阿斯匹靈、伊普錠、拿百疼還可做為消炎劑，因為它們能阻斷某類引起發炎的前列腺素的形成；乙醯胺酚則沒有消炎作用。這四種止痛藥顯示在第 147 頁的圖 14.39。

類鴉片化合物這一類的止痛藥，包括嗎啡、可待因、海洛因等（請見圖 14.2），具有更強的效果，它們利用與神經元上的受體部位結合，來緩和大腦對疼痛的知覺。這些受體部位一開始被發現時，曾引發研究者思考它們何以存在的理由；有人假設，也許類鴉片是在模仿某種腦內自然產生的化合物。其後，科學家從腦組織中分離出腦內啡（endorphins），這是一群具有強烈類鴉片活性的多肽類。有

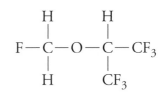

$$F-\overset{\overset{\displaystyle H}{|}}{\underset{\underset{\displaystyle H}{|}}{C}}-O-\overset{\overset{\displaystyle H}{|}}{\underset{\underset{\displaystyle CF_3}{|}}{C}}-CF_3$$

七氟烷

$$N=N\overset{\nwarrow}{}^{O}$$

一氧化二氮

⌂圖 14.37

七氟烷和一氧化二氮（俗稱笑氣）的化學結構。

人認為人類之所以演化出腦內啡，是為了壓抑疼痛的知覺，以免在
危及性命的緊要關頭，失去逃生的能力，右頁圖14.40顯示一種腦內
啡的例子。許多運動員在激烈運動後所感受到的一股跑者的快感，
就是腦內啡的傑作。

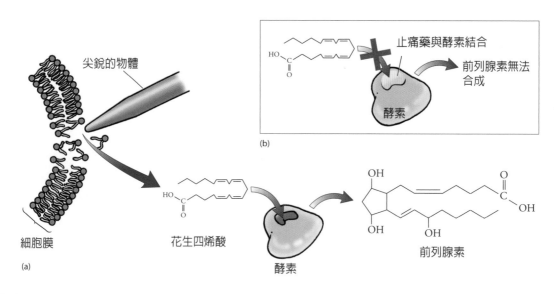

🏠 圖14.38

（a）在受傷時，身體會迅速合成前列腺素，將疼痛訊號傳遞到大腦。合成各種前列腺素的起始物質是花生四烯酸
（arachidonic acid），這種化合物存在於所有細胞的細胞膜上。花生四烯酸會在酵素的協助下轉變成前列腺素，前列
腺素的種類很多，每一種都有各自的作用，但它們的化學結構都與圖中顯示的這個前列腺素類似。 （b）止痛藥藉由
與酵素上的花生四烯酸受體部位結合，來抑制前列腺素的合成。缺少了前列腺素，也就不會有疼痛訊號產生了。

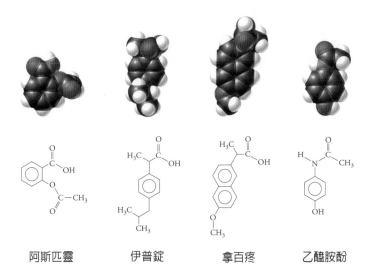

圖14.39
阿斯匹靈、伊普錠、拿百疼會阻
礙導致疼痛、發燒、和發炎的前
列腺素合成。乙醯胺酚則只會阻
礙引起疼痛與發燒的前列腺素合
成。

阿斯匹靈　　伊普錠　　拿百疼　　乙醯胺酚

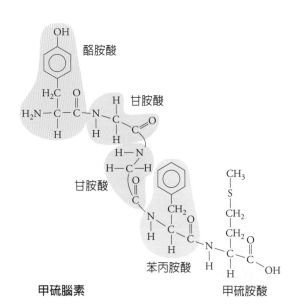

圖14.40
甲硫腦素（Met-enkephalin）只
是諸多腦內啡中的一種，腦內啡
是體內一群具有止痛效果的多胜
類。研究顯示，類鴉片與這個由
酪胺酸—甘胺酸—甘胺酸—苯
丙胺酸—甲硫胺酸構成的腦內啡
有相似的結構，這種相似性支持
了「腦內啡和類鴉片具有相同受
體部位」的想法。

酪胺酸

甘胺酸

甘胺酸

苯丙胺酸

甲硫腦素　　　甲硫胺酸

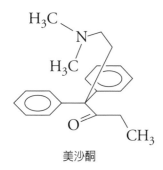

美沙酮

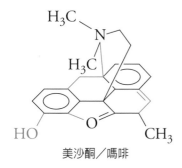

美沙酮／嗎啡

圖14.41
美沙酮的結構（黑色部分）可與
嗎啡的結構（藍色加黑色）重
疊。

腦內啡也與安慰劑效應有關。所謂的安慰劑效應是指患者服用了他們認為是某種藥物的東西（但其實那只是糖錠），而達到減輕疼痛的效果。（安慰劑是在科學實驗中用來做為對照組、任何不具活性的物質。）在安慰劑效應中，患者是透過自己對藥效的信任，來達到減輕疼痛的結果，而藥物本身並未發揮什麼功效。科學家曾利用會阻礙類鴉片或腦內啡與它們的受體部位結合的藥物，來取代糖錠，結果證明腦內啡與安慰劑效應有關聯。因為在這種情況下，安慰劑的效果消失了。

除了當作止痛藥，類鴉片還可以誘發飄然愉悅的感受，這也是它們經常被濫用的原因。在反覆的使用中，身體會對這些藥物產生耐受性：經過一段時間之後，想要達到同等的效果，就得不斷的加重劑量。此外，濫用類鴉片化合物的人，他們的身體將對類鴉片形成依賴性，也就是說他們必須持續使用類鴉片，才不會出現嚴重的戒斷症狀，像是全身發冷、流汗、僵硬、腹部痙攣、嘔吐、體重下降、焦慮等等。有趣的是，當類鴉片被用來紓解疼痛而非追求愉悅快感時，戒斷症狀變得比較不那麼嚴重，尤其是當患者並不知道自己一直在服用這類藥物時。

目前，治療類鴉片上癮最普遍的方法是美沙酮代用療法。如圖14.41 所示，美沙酮是一種合成的類鴉片衍生物，具有類鴉片的大多數作用，包括引發愉悅感，但不同的是，它在口服時仍保有大多數的活性，這意味著我們可以控制與監視它的使用劑量。美沙酮引起的戒斷症狀遠不及類鴉片嚴重，上癮者可以慢慢的減少用量，而不會產生過度的壓力與焦慮。採用代用療法只消幾個月，上癮者就可能解除生理上的依賴性；至於心理上的依賴性，則往往終其一生都會持續著，這也是為何毒癮的重犯率如此高的原因。

觀念檢驗站

請區分麻醉劑和止痛藥的不同。

你答對了嗎？

麻醉劑會阻礙疼痛訊息傳遞到腦部；止痛藥則是抑制傳遞疼痛的前列腺素的合成，或是在疼痛訊息抵達腦部後，輔助腦部處理疼痛訊息。

14.8 治療心臟疾病的藥物

心臟疾病是泛指任何消減心臟輸送血液能力的狀況。動脈硬化症（arteriosclerosis）是最常見的一種心臟疾病，這是由斑塊沉積在動脈管壁所引起的。如同 13.8 節所討論過的，斑塊的沉積主要是由飽含膽固醇及飽和脂肪的低密度脂蛋白的累積所致。充滿斑塊的動脈比較不具彈性，且會減少血液的流量。這些情形導致心臟要把血液打出去時會比較費力，而增加了心臟的工作量，造成心臟過度操勞而衰竭。由動脈硬化症或其他問題，對心肌所造成的累積性損害，可能使心跳失去規律，出現所謂的「心律不整」。一種稱為「心絞痛」的胸痛，源自心肌的氧氣供應不足。最後，衰竭的心臟將無法勝任讓血液循環全身的工作。因此，有心臟疾病的人，體力變差，且動不動就喘不過氣來。

如 13.8 節所討論的，動脈硬化症還有另一種潛藏的危機，就是

在斑塊形成的附近會出現血凝塊。這種血凝塊將隨著血液到處循環，直到它堵塞血管為止，如此將切斷對某些組織的血液供應，導致組織開始壞死。當壞死的組織正好是心肌時，就會引起心臟病。某些心臟病進展較緩慢，使患者有時間尋求醫療協助，例如提供患者快速作用的溶血酵素。另一種心臟病是突發性的，幾分鐘內就會奪走患者的性命。即使患者沒有因為心臟病而死亡，也會殘留下具有壞死組織的衰弱心臟。

血管擴張劑是一類藉由擴張血管而增加血液供應到心臟的藥物，對治療心絞痛頗管用。血管擴張劑也會減輕心臟的工作負擔，因為血管經過擴張後，心臟可以較輕鬆的把血液送出去。傳統的血管擴張劑包括硝化甘油（nitroglycerine）和亞硝酸戊酯（amyl nitrite），如右頁圖 14.42 所示。它們可以經由若干途徑進入人體中，包括口服、舌下錠劑、或者是經由皮膚滲透的貼布。後兩者的好處是它們允許藥物緩緩進入體內，與口服或是注射方式相反。這些有機硝酸化物會在體內被轉化成能鬆弛血管肌肉的一氧化氮。

目前科學家已研發出能減輕心臟幫浦負擔的藥物。當神經傳導物質正腎上腺素及腎上腺素，與 β 腎上腺素受體結合後，將會刺激心跳加速。幸好有一系列稱作 β 阻斷劑（beta blocker）的藥物，能阻礙正腎上腺素及腎上腺素與 β 腎上腺素受體的結合，而減慢心跳及減輕心臟的負擔。普洛爾（propranolol，商品名為 Inderal）是最早研發出來的 β 阻斷劑，請見右頁圖 14.43，可用於治療心絞痛、心律不整，以及高血壓。另一類可以鬆弛心肌的藥物是鈣離子通道阻斷劑（calcium-channel blocker）。硝苯地平（nifedipine）是這類藥物的其中之一，請見圖 14.43。當神經衝動通知鈣離子進入肌肉細胞時，就會啟動肌肉收縮反應。顧名思義，鈣離子通道阻斷劑能防止鈣離子流進

細胞，因而抑制肌肉收縮，使得心跳減慢，血管肌肉鬆弛擴張，進
而降低了血壓。

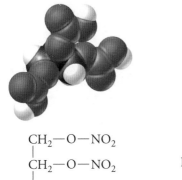

$$CH_2-O-NO_2$$
$$|$$
$$CH_2-O-NO_2$$
$$|$$
$$CH_2-O-NO_2$$

硝化甘油

H₃C⧵
　　　C
H₃C⁄　⧵CH₂CH₂—O—NO

亞硝酸戊酯

◁ 圖 14.42
兩種血管擴張劑：硝化甘油和
亞硝酸戊酯的分子結構。

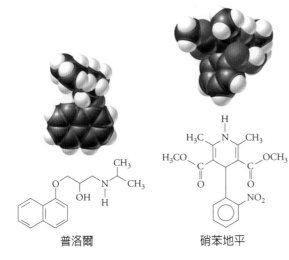

普洛爾

硝苯地平

◁ 圖 14.43
普洛爾是一種 β 阻斷劑，可以
減慢心跳及減輕心臟的負荷。
硝苯地平是一種鈣離子通道阻斷
劑，可以鬆弛心肌。

在美國以及大多數的開發國家，心臟疾病在年過65歲的族群中，名列第一大死亡原因。由於這些國家的大多數人口都能活過這個歲數，因此若將所有年齡層的人合併起來看，心臟疾病其實是首要的死亡原因，如表14.5所示。

表 14.5　美國人口的死亡原因排行榜		
以年齡層劃分首要死因		將所有年齡層合併來看的前十大死因
年齡層（歲數）	死因	排行
15-24	意外事故	1. 心臟疾病
25-44	HIV 病毒感染（愛滋病）	2. 癌症
		3. 意外事故
45-64	癌症	4. 慢性下呼吸道疾病
65以上	心臟疾病	5. 中風
		6. 阿茲海默症
		7. 糖尿病
		8. 流感、肺炎
		9. 腎炎、腎病、腎炎症候群
		10. 自殺

觀念檢驗站

為何長期酗酒者需要相當高劑量的 β 阻斷劑，
才能鬆弛心肌？

你答對了嗎？

如 14.6 節所討論的，長期飲酒過量會增加壓力神經
傳導物質的受體部位的數量。為了阻斷這些增多的
受體部位，酗酒者便需要較高劑量的 β 阻斷劑，以
達到想要的心肌鬆弛程度。

想一想，再前進

　　化學研究對社會最顯著的影響，可能莫過於藥物的研發。整體來說，藥物的發明已延長人類的壽命，並改善人類的生活品質，但藥物也給我們帶來一些道德與社會的問題。美服培酮（RU-486）這種墮胎藥應該被使用嗎？該如何照料日益擴大的老年人口？有什麼藥可以正當的用來追求逍遙與快樂？該如何看待吸毒問題，要當作犯罪或當作疾病？或者兩者皆是？當我們愈來愈瞭解自己的身體與病症，理當會有更強效的藥物問世。但我們要知道的是，所有的藥物都帶有某種程度的危險。誠如大多數醫生所言，雖然藥物會提供很多好處，但它們絕無法取代健康的生活方式及預防醫學之道。

關鍵名詞解釋

加乘效應 synergistic effect　一種藥物提升另一種藥物的作用。（14.1）

鎖鑰模型 lock-and-key model　用來解釋藥物如何與受體部位交互作用的模型。（14.2）

組合化學 combinatorial chemistry　利用許多不同的方式，組合出一系列化學物質，以提高發現新藥物的機率。（14.2）

化學療法 chemotherapy　利用藥物去破壞病原，而不影響動物寄主的療法。（14.3）

神經元 neuron　即神經細胞，這是一種特化的細胞，能夠接收與傳送電脈衝。（14.5）

突觸間隙 synaptic cleft　神經傳導物質從一個神經元到下一個神經元或到肌肉、腺體組織，所需穿越的一個小縫隙。（14.5）

神經傳導物質 neurotransmitter　一種能夠活化神經元細胞膜上的受體部位的有機化合物。（14.5）

精神藥物 psychoactive drug　指能影響心智或行爲的藥物。（14.6）

神經傳導物質的回收 neurotransmitter re-uptake　前突觸神經元從突觸間隙把神經傳導物質再回收利用的一種機制。（14.6）

生理依藥性 physical dependence　需要持續用藥以避免引發戒斷症的情形。（14.6）

心理依藥性 psychological dependence　對毒品難以自拔的癮。（14.6）

麻醉劑 anesthetic　藉由阻止神經元傳遞知覺到中樞神經，以阻絕疼痛的藥物。（14.7）

止痛藥 analgesic　無需阻斷神經知覺而能增強我們忍痛能力的藥物。（14.7）

延伸閱讀

1. https://www.dea.gov/
   這是美國藥物執行管理局的網站首頁，該管理局是執行麻醉劑及受管制物質相關法規的首要聯邦機構。他們的首要任務是長期終止毒品交易組織的活動，方法是將毒販的首腦繩之以法，並阻斷毒販的物流通路，以及沒收毒販的資產。

2. https://www.drugabuse.gov/
   美國國家藥物濫用研究機構的首要任務是，確保科學能成爲美國制

定藥物濫用政策的基礎，而不是以意識型態或軼事爲主。設計這個網站的用意是要確保科學研究資料能迅速有效的傳達給政策制定者、醫療保健人員，以及社會大衆。

3. http://www.norml.org

自從美國國家大麻法改革組織（簡稱NORML）於 1970 年成立以來，一直是提倡將大麻合法化的主要政府機構。現今，NORML 成爲全美終結禁用大麻的行動主義者的保護傘集團。

4. http://www.cancer.org

自從 1900 年代成立以來，美國癌症學會一直是美國抗癌的首要機構。在這個網站上，你可以看到人類研究癌症的歷史，以及關於各種癌症的最新療法。

5. https://www.heart.org

不妨到這個美國心臟學會的網站上去瞧瞧，你可以瞭解心臟疾病的各種早期警訊，以及該如何採取行動以降低危險。想研究心臟疾病的統計資料及瞭解心臟研究的最新趨勢，這個網站是不錯的入口。

6. https://www.lung.org

這是美國肺臟學會的網站，它可以帶領你瞭解各種肺部疾病的相關訊息，以及美國各地區的空氣品質及活動與服務訊息。自從1904年起，該學會利用幫助人們戒菸、贊助研究、改善室內與戶外空氣品質，以及教導民衆認識氣喘病等方式，來對抗肺病。

第14章 觀念考驗

關鍵名詞與定義配對

止痛劑	麻醉劑
化學療法	組合化學
鎖鑰模型	神經元
神經傳導物質	神經傳導物質的回收
生理依藥性	精神藥物
心理依藥性	突觸間隙
加乘效應	

1. _____：一種藥物增強另一種藥物的作用。

2. _____：一種用來解釋藥物如何與受體部位作用的模型。

3. _____：製造大量的化合物，以提高發現新醫藥的機會。

4. _____：利用藥物殺死病原、而不會破壞動物寄主的醫療方式。

5. _____：一種能夠接收及發送神經衝動的特殊細胞。

6. _____：神經傳導物質藉由這個狹窄的縫隙，從一個神經元傳遞到下一個神經元，或傳遞到肌肉、腺體。

7. _____：一種有機化合物，能活化神經元細胞膜上的受體部位（位於某些鑲嵌在細胞膜中的蛋白質上）。

8. _____：能改變心智或行為的藥物。

9. _____：前突觸神經元把神經傳導物質從突觸間隙吸收，以便再利用的機制。

10. ＿＿＿＿：一種需要不斷吸毒以避免發生戒斷症的依賴性。

11. ＿＿＿＿：對毒品所產生的一種根深柢固的渴望。

12. ＿＿＿＿：阻止神經元傳遞感覺到大腦的藥物。

13. ＿＿＿＿：增強忍痛能力、但不會去除神經知覺的藥物。

分節進擊

14.1 如何分類藥物

1. 藥物有哪三種來源？

2. 藥物的副作用必定是不好的嗎？

3. 什麼是加乘效應？

14.2 鎖鑰模型指引化學家合成新藥物

4. 在鎖鑰模型中，我們把藥物當作鎖孔還是鑰匙？

5. 藥物藉由什麼力量與受體部位結合？

6. 大多數的受體部位是什麼做的？

7. 在實驗室裡合成天然醫藥（例如紅豆杉醇），而非從天然來源中提煉，會有什麼好處？

8. 實驗室中所謂的組合化學法與從自然界尋找藥物，有什麼類似之處呢？

14.3 利用化學療法對抗疾病

9. 為什麼細菌需要PABA才能存活，但人類卻可以沒有它？

10. 何時進行化學療法最能有效的對抗癌症？

11. 癌症是什麼？

12. 甲胺喋呤（methotrexate）如何抗癌？

14.4 阻撓懷孕有良方

13. 避孕藥的避孕效果如何？

14. 美服培酮（mifepristone）的作用與含黃體素的避孕藥有何不同？

14.5 神經系統是由神經元構成的網路

15. 神經元如何維持細胞膜內外的電位差？

16. 當一個人的壓力神經元受到激活時，會出現什麼症狀？

17. 當維護神經元比壓力神經元活躍時，體內會發生什麼狀況？

18. 哪一種神經傳導物質最常在大腦獎賞中心發揮功用？

19. GABA 在神經系統中的角色爲何？

14.6 興奮劑、迷幻藥與鎮定劑

20. 什麼是神經傳導物質的回收？

21. 在本章提到的幾種精神藥物中，哪一種是藉由阻礙神經傳導物質的回收來發揮作用的？

22. 心理依藥性與生理依藥性有何不同？

23. 咖啡因利用什麼機制刺激神經系統？

24. 尼古丁可以模仿哪一種神經傳導物質的作用？

25. LSD 模仿哪一種神經傳導物質的作用？

26. 我們應該把大麻視爲沒有什麼副作用的藥物？或是有很多副作用的藥物？

27. 什麼藥物會提高 GABA 的作用？

14.7 謹慎使用麻醉劑與止痛藥

28. 什麼是麻醉藥？

29. 什麼是止痛藥？

30. 類鴉片的受體部位主要位在哪裡？

31. 哪一種生化物質與安慰劑效應有關？

32. 美沙酮如何治療類鴉片的成癮問題？

14.8 治療心臟疾病的藥物

33. 什麼是心絞痛，它是怎樣造成的？

34. 一氧化氮如何治療心絞痛？

35. 血管擴張劑如何減輕心臟的負擔？

36. β 阻斷劑和鈣離子通道阻斷劑有何不同？

高手升級

1. 為什麼有機化合物很適合拿來做藥？

2. 已知阿斯匹靈可以治療頭痛，但當你服用阿斯匹靈錠劑後，這種藥物如何知道要
   去你的頭部，而不會跑到你的腳拇指呢？

3. 天然來源的藥物與人工合成的藥物，何者對人體比較好？

4. 在什麼情況下把兩種藥一起服用不會產生加乘效應？

5. 為什麼在癌症的最初階段接受治療，成功率最高？

6. 將PABA與磺胺類藥物併用，將會提高或減低它的抗菌效果？

7. 為何蛋白酶抑制劑與抗病毒核苷聯手出擊時，效果如此佳？

8. 為何一些抗病毒藥劑具有抗癌活性？

9. 世上大約有七千萬婦女使用避孕藥，只要正確使用，避孕效果可達 99%。試申論這樣的藥物對於目前全球超過七十億人口的成長，是否具有重大的影響。

10. 兩神經元之間存在突觸間隙（而非兩者直接相連），有什麼好處？

11. 爲什麼有許多興奮劑在讓人產生快感後，繼之而來的是陷入沮喪、抑鬱的狀態？

12. 吸毒者的毒癮與我們對食物的需求有什麼相似與相異之處？

13. 尼古丁溶液是園藝店裡買得到的東西。請問爲什麼園丁在處理這種東西時要格外小心？

14. 牽牛花的種子含有天然的麥角酸，但它們僅僅與迷幻藥沾上一點邊，還談不上是真正的迷幻藥。爲什麼呢？

15. 試說明爲什麼反覆使用亞甲基雙氧安非他命（MDA）會出現戒斷症狀，但反覆使用 LSD 卻不會。

16. 爲什麼酗酒的人對酒精有較大的耐受性？

17. 四氫大麻酚（Δ^9 - tetrahydrocannabinol，THC）是大麻的活性成分之一，這是一種可以經由醫師處方得到的藥物，商品名爲 Marinol，屬於口服藥。對於有噁心症狀的人，使用 Marinol 有什麼優、缺點？

18. 許多種氣體化合物都具有全身麻醉劑的特性，儘管它們的結構很不相同。這點可以支持受體部位在麻醉作用模式中所扮演的角色嗎？

19. 要如何修改苯佐卡因的結構，來創造出更具麻醉效果的化合物？

20. 鹵乙烷（$CF_3CHBrCl$）曾經廣泛的被當作全身麻醉劑使用。試說明現今這種藥物爲何被禁用？

21. 下列敘述何者比較正確：類鴉片具有腦內啡的活性；或是腦內啡具有類鴉片的活性？請解釋你的答案。

22. 爲什麼美沙酮無法有效治療古柯鹼的成癮問題？

23. 血管壁內側的斑塊沉積將會引發什麼問題？

24. 一個人抽完菸之後也許會覺得很輕鬆，但實際上他或她的心臟是處於受壓狀態。
為什麼呢？

■ 焦點話題

1. 無酒精及無咖啡因的飲料在市場上已頗為成功，然而無尼古丁的香菸還有待推
廣。試想想可能的原因。

2. 如果將香菸的生產、銷售及消費變成非法行為，會有什麼優、缺點？

3. 在歷史上，濫用藥物向來被視為一種犯罪行為。然而，醫學的進步揭示了藥物濫
用的複雜成因，導致有些人認為應該把它視為一種疾病來治療。這種較新的觀點
指出，教育和醫療應該是對付濫用藥物的主要武器，而不是罰款及坐牢。假設這
種新觀點是合理的，請試著把資源的分配按照先後順序排出來，以幫助減輕濫用
藥物的問題；另外，你認為在什麼情況下吸毒者應該被監禁？

4. 以全球的情形來看，肺結核和瘧疾是遠比愛滋病可怕的殺手。但為什麼愛滋病及
愛滋病的預防似乎比較受到世人重視？

5. 根據研究顯示，皮膚會隨著老化而失去彈性，是因為糖分子與膠原蛋白（一種皮
膚蛋白）的結合情形有所改變。新一類預防皮膚老化、甚至能逆轉老化過程的藥
物，也許十年內就會上市，到時保證大家青春永駐。像這樣的藥物應該經過醫師
處方才能取得，或是可以當作成藥販售？萬一出現一些輕微的副作用，例如提高
感染的機率，應該如何？萬一它們除了加倍人類的平均壽命之外，並沒有明顯的
副作用，又該怎麼辦？

15

糧食生產與化學

你聽過「有機栽培」、「基因改造食品」嗎？

我們吃進肚子裡的東西，從土壤、灌溉、施肥到除蟲，

每一個環節背後，其實都大有學問。

如果你想要「吃得安心」，

與糧食生產有關的化學你一定要知道！

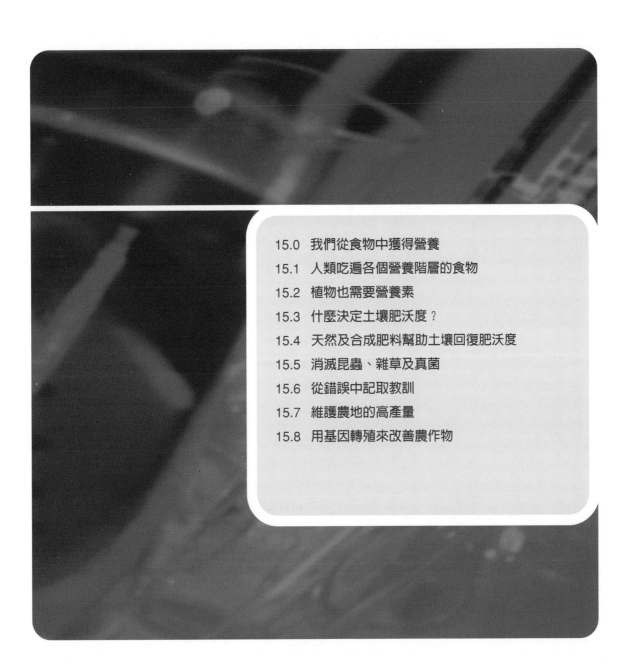

15.0 我們從食物中獲得營養

每年，在開發中國家約有五十萬名孩童因為缺乏維生素 A 造成永久失明。為了終止這項悲劇，最近兩名歐洲科學家培育出一種富含 β 胡羅蔔素（橘色植物色素）的新稻米，已知 β 胡羅蔔素在人體內會轉化成維生素 A。由於含有大量的 β 胡羅蔔素，使這種新稻米呈現金黃色的外觀。目前的計畫是，免費提供這種稻米給開發中國家的農民，例如越南及孟加拉都是特別有需要的國家。

開發新品種作物來迎合我們的營養需求，並不是什麼新鮮事。我們現在所吃的大多數農作物，就算沒有經過幾千年，少說也經過了好幾世紀的選擇性育種（selective breeding），才得到如今的成果。所謂的選擇性育種是指把營養價值較高的植株挑選出來繁殖。好比說，今日我們吃的馬鈴薯，過去曾經是生長在南美安地斯山脈的野生矮小型植物，具有迷你卻高營養的球根。而這種金黃色稻米的差別在於，它只經過單一個世代就培育出來，方法是將水仙花的基因與細菌的基因插入另一種稻米的 DNA 中。其實這種金黃色稻米（黃金米）就是基因轉殖植物（transgenic plant）的一例。在基因轉殖植物中，不同物種的基因可以人工方式結合在一起。

本章要展示的是與糧食生產相關的化學，糧食主要是指那些餵養我們及牲口的植物性食物。在各節中，我們將為大家介紹許多關於**農業**的基礎概念，我們把農業大略定義為有系統的利用資源以生產食物的活動。我們還會特別關照一下農業活動中與化學相關的事情，例如堆肥、肥料、農藥等的化學。也會討論許多農業上的新方

法，像是創造基因轉殖作物；這種方式雖然提供許多好處，但也需要慎重使用。

15.1 人類吃遍各個營養階層的食物

食物的形成起始於光合作用，這是植物利用太陽能、水、大氣中的二氧化碳，製造出碳水化合物及氧氣的生化過程：

$$6CO_2 + 6H_2O \xrightarrow{\text{太陽能}} C_6H_{12}O_6 + 6O_2$$

二氧化碳　　水　　　　　碳水化合物　氧氣

每天，抵達地球的太陽能中，僅約 1% 被用來行光合作用。以地球的規模而言，這已足夠讓植物每年生產一千七百億噸的有機物質。這些有機物質中所含的能量，差不多就是一整年內所有生物所需能量的總預算。

食物的能量在生物社群中流通的路徑，取決於該社群的**營養結構**（trophic structure），這是社群中生物攝食關係的模式圖。營養結構又稱做食物鏈（food chain），是由若干層級形成的結構，如下頁圖 15.1 所示。第一層是**生產者**（producer），其中大多是利用太陽能合成有機物質的光合性生物。植物是陸地上主要的生產者；在水中，主要的生產者是植物性浮游生物（phytoplankton）。

生產者能支持其他營養階層的生物，後者總稱為**消費者**（consumer）。消費生產者的生物叫做一級消費者，牠們是所謂的草食動物，例如吃草的哺乳類、大多數的昆蟲及鳥類。水生環境中的一級

消費者是指那些總稱爲浮游動物（zooplankton）的各種微小生物。在一級消費者之上的各營養階層是由肉食動物構成的，其中每一階層的生物以較低一層的消費者爲食。也就是說，二級消費者吃一級消費者，三級消費者吃二級消費者，四級消費者吃三級消費者。任何未被攝食就先死掉的生物，將成爲**分解者**（decomposer）作用的對象。所謂分解者是指「能將有機物質分解成簡單物質，而成爲土壤的營養素」的一群生物。常見的分解者包括蚯蚓、昆蟲、眞菌、微生物等等。

圖 15.1
陸生環境與水生環境中的營養結構。能量及養分可以經由生物的攝食從較低的階層流向較高的階層。圖中的色塊顯示的是當能量從某營養階層轉移到下一營養階層時，能夠保留的量。

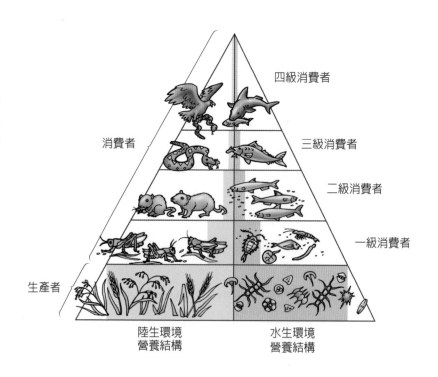

　　每當生物能量從某個營養階層轉移到下一個更高的營養階層時，都會出現重大的能量損失。一般來說，某營養階層的有機質所蘊藏的能量，僅有不到 10% 會併入下一個較高級的營養階層中。因此在食物鏈最底層的生物，能從食物中獲取且保有最多的能量。例如，一隻蚱蜢能吃到的草葉，比一隻田鼠能吃到的蚱蜢還多；而一隻田鼠能吃到的蚱蜢，也比一隻蛇能吃到的田鼠還多。隨著食物供應來源的逐漸減少，很快的限制了營養階層的級數，使得各種生物社群的營養階層很少超過四級。可想而知，營養階層愈高，生物的族群愈小。

　　我們人類所吃的東西，分布在各個營養階層中。當我們吃水果、蔬菜或穀類時，我們是一級消費者；當我們吃牛肉或其他草食動物等肉類時，我們是二級消費者。當我們吃鱒魚、鮭魚等以昆蟲及其他小動物維生的動物時，我們是三級甚至四級消費者。不過，世界人口之所以這麼多、且持續成長中，很可能主要是因為我們能以一級消費者的身分存活。

　　由此可知，吃肉是一件奢侈的事情；好比說，那些吃雞肉的人，若將他們從雞肉獲得的生化能量，與雞從飼料中獲取的生化能量相比，實在微不足道。在美國有超過 70% 的穀類產量是用來餵養牲口的。因此，肉類的生產意味著需要耕種更多的田地、引用更多的灌溉水源、施用更多的肥料及農藥。在較富裕的國家，吃肉是很普遍的事；而在美國，雞隻的數量幾乎是人口的 44 倍。如果美國人可以少吃 10% 的肉，省下來的資源可以多餵養一億人口呢！因此，隨著世界人口的擴張，未來人們吃肉這檔事，很可能比今天的情況更加奢侈許多。

15.2 植物也需要營養素

　　碳水化合物是構成植物的主要材料，它們是由碳、氫、氧組成的化合物。植物從二氧化碳及水中獲得這三種元素，但在植物所生長的土壤中，也提供許多存活與生長所需的重要元素。右頁表15.1中列出的營養素，是所謂的巨量營養素（macronutrient），顧名思義就是有大量需求的元素；另外，還有一些需求很少的微量營養素（micronutrient）。有些植物對微量元素的需求，少到可以光靠種子提供一輩子所需之量。

元素	植物可利用的形式	在乾燥植物中相對的離子數量 *
表15.1　大多數植物所需的必要元素		
巨量營養素		
氮（N）	NO_3^-，NH_4^+	1,000,000
鉀（K）	K^+	250,000
鈣（Ca）	Ca^{2+}	125,000
鎂（Mg）	Mg^{2+}	80,000
磷（P）	$H_2PO_4^-$，HPO_4^{2-}	60,000
硫（S）	SO_4^{2-}	30,000
微量營養素		
氯（Cl）	Cl^-	3,000
鐵（Fe）	Fe^{3+}，Fe^{2+}	2,000
硼（B）	硼酸鹽	2,000
錳（Mn）	Mn^{2+}	1,000
鋅（Zn）	Zn^{2+}	300
銅（Cu）	Cu^+，Cu^{2+}	100
鉬（Mo）	MoO_4^{2-}	1

＊假定鉬的含量為1，測量各元素與它的相對值。

＊資料來源：Salisbury and Ross 所著的《植物生理學》（*Plant Physiology*），CA: Wadsworth, 1985。

植物需要氮、磷、鉀

　　植物需要氮來建構蛋白質及其他各種生物元素，例如葉綠素（chlorophyll），這是植物行光合作用所需的綠色素。如上頁的表15.1所示，植物能以銨離子 NH_4^+ 和硝酸根離子 NO_3^- 的形式，經由土壤吸收氮元素。圖 15.2 顯示植物如何獲得天然的氮源，這裡所舉的是**固氮作用**的兩種例子。所謂的固氮作用是指任何能將大氣中的氮氣，轉化成植物可用的氮形式的化學反應，其中最常見的兩種植物可用氮，分別是銨離子和硝酸根離子。

◖圖 15.2
兩種固氮作用的途徑。（a）土壤中游離細菌及豆科植物的根瘤菌能製造銨離子。（b）閃電提供能量，使大氣中的氮氣形成硝酸根離子。

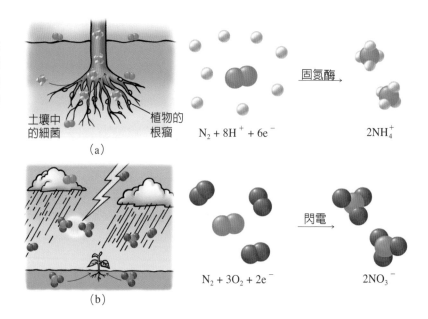

土壤中
的細菌

植物的
根瘤

(a)

$N_2 + 8H^+ + 6e^-$　　固氮酶　　$2NH_4^+$

(b)

$N_2 + 3O_2 + 2e^-$　　閃電　　$2NO_3^-$

　　土壤中大多數的銨離子，不是源自土壤中游離細菌的固氮作用，就是得自某些植物（尤其是豆科植物，包括酢醬草、苜蓿、豌豆、豆莢類等固氮植物）的根瘤菌所進行的固氮作用。這些微生物具有固氮酶，能促使大氣中的氮氣與土壤中的氫離子形成銨離子，如圖 15.2 a 所示。

　　少部分的固氮作用源自閃電所提供的能量，使大氣中的氮氣形成硝酸根離子，如圖 15.2 b 所示。閃電的高能量足以引發大氣中的氮氧化成硝酸根離子，再經由降雨沖刷到土壤裡。

　　在天然的環境中，固氮作用是土壤中銨離子及硝酸根離子的原始來源。不過，這些被固定的氮會在生物之間循環，從這個生物傳遞到下個生物。好比說，當一株植物死掉時，細菌的分解作用會將銨離子及硝酸根離子再釋回土壤中，讓其他活著的植物繼續利用。

觀念檢驗站

為什麼像大豆和花生這類固氮植物的種子裡，蛋白質的含量如此之高呢？

你答對了嗎？

植物利用氮來製造蛋白質。由於固氮植物可以吸收很多氮，所以能生產大量的蛋白質。

　　缺乏氮的植物會發生生長受阻的問題。此外，由於氮是製造葉綠素的必需元素，因此植物缺乏氮的另一個症狀是葉子變黃，如圖

15.3a 所示。尤其是較老的葉子，變黃的情形更加明顯；嫩葉的綠色
比較持久，是因為可溶性的氮會從老死的葉子那邊輸送過來。

　　植物需要磷元素以製造核酸、磷脂質，及各種攜帶能量的生物
分子，例如 ATP。植物以磷酸根離子的形式利用磷，在自然界中，
磷酸根離子源自受侵蝕的含磷酸岩石。另一種來源，則是當生物死
亡後，屍體經腐朽分解，大量的磷酸便重返土壤，讓其他生物循環
利用。在土壤中，磷是僅次於氮的重要限制元素，缺乏磷的植物也
會長不大，如圖 15.3b 所示。

(a)

(b)

(c)

🔺 圖 15.3

（a）圖為正常（圖中左方）與缺氮（圖中右方）的白菜，缺氮白菜全株呈黃綠色（老葉甚至接近白色），且生長受
阻。（b）缺磷的皺葉白菜葉片變小、變厚，葉色濃綠，生長受阻。（c）圖為嚴重缺鉀的青江菜。由圖可以看出青
江菜的新葉維持正常，中段的葉緣及部分葉肉黃化，伴隨著白色及褐色斑塊，老葉則全葉黃化，葉緣出現燒焦狀的
斑塊。

　　鉀離子可活化許多光合作用及呼吸作用所必需的酵素。與磷酸一樣，鉀離子主要的天然來源是岩石的侵蝕作用，另外就是植物腐敗分解後，釋出可供循環利用的鉀離子。植物缺乏鉀離子的症狀包括小面積的壞死組織，通常發生在葉片尖端或葉緣，如左頁圖 15.3 c 所示。和氮、磷一樣，鉀離子容易從植物的成熟部位移轉到較新嫩的部位，因此缺鉀的症狀最初會顯示在較老的葉片上。某些穀類作物，像是玉米、小麥等，在缺乏鉀離子時，會形成軟弱的莖幹，根部也比較容易感染腐根性生物；這兩種因素造成缺鉀的植物稍受一點風霜雨雪，就不支倒地。

　　有趣的是，植物吸收鉀離子倒是對海水的組成產生重大的影響。已知地殼含有近乎等量的鈉離子與鉀離子，這兩者皆能迅速從土壤中瀝出，經由小溪、河川、最後匯入大海，這也是海水鹹度的重要因素。植物會吸收鉀離子，至於鈉離子，則大多走相反的路徑，也就是植物會將鈉離子釋放到土壤中，最後進入溪流河川。因此，即使地殼中的鈉與鉀的含量相當，但海水中的氯化鈉卻占了 2.8%，而氯化鉀卻僅有 0.8%。（另一個有趣的題外話是，不僅植物細胞如此，所有的細胞對鈉離子的耐受度都偏低，因而演化出把鈉離子打出細胞的機制，如 14.5 節所述。）

植物也會利用鈣、鎂、硫

　　鈣、鎂兩者皆以帶正電的離子形式 Ca^{2+}、Mg^{2+} 被植物吸收，而硫則是以帶負電的硫酸根離子 SO_4^{2-} 被吸收。這些離子在大多數的表土中都含有足夠的量，可以供植物生長。

　　鈣離子是建構細胞壁的必需元素。一旦被植物吸收後，鈣離子是相當固定不動的，也就是說它們不會在不同的植物部位之間移

動。因此，在遇到需要鈣離子的時機，植物無法隨意調動鈣離子的供應。這就是爲何新生的部位，像是根與莖的尖端，容易發生缺鈣的問題。結果造成扭曲與變形的生長情形。

鎂離子是形成葉綠素的必需元素，葉綠素是植物行光合作用所需的綠色色素。在葉綠素分子中，鎂離子位在一個叫做紫質環（por-phyrin ring）結構的中心，如圖 15.4 所示。除了出現在葉綠素中，鎂離子之所以必要，是因爲它活化了許多代謝所需的酵素。儘管罕見，但缺乏鎂會導致葉片變黃，這是因爲植物無法形成葉綠素。

植物體內的硫大多出現在蛋白質中，尤其是半胱胺酸和甲硫胺酸這兩種胺基酸。其他含硫的重要化合物還包括輔酶 A，這是細胞呼吸作用所需的化合物，它也幫助脂肪酸的形成與分解。硫胺素（thiamine，維生素B1）及生物素（biotin），這兩種維生素都含有硫。硫可以氣體的二氧化硫（SO_2）形式經由葉片被植物吸收，二氧化硫是一種環境汙染物，火山爆發及燃燒木材或化石燃料，都會釋出這種氣體。

圖 15.4

葉綠素中的鎂離子對光合作用很重要。

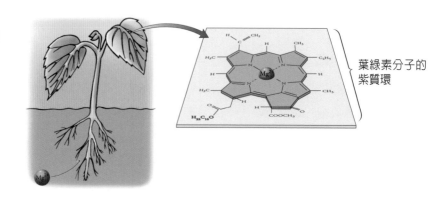

葉綠素分子的
紫質環

觀念檢驗站

與磷、鉀相比,植物需要的鈣與鎂比較多,但植物缺乏鈣與鎂的情形,卻不如缺磷、缺鉀常見。請問這是為什麼?

你答對了嗎?

植物缺乏營養素的可能性,不僅視它們對營養素的需求量而定,還要看營養素是否容易獲取。在大多數的土壤中,鈣與鎂的含量都很豐富,但磷和鉀卻不盡然。因此,缺磷或缺鉀的情形似乎比較常見。

15.3 什麼決定土壤肥沃度?

　　土壤是細沙、粉土(淤泥)與黏土的混合物。這三種組成是岩石粉碎後產生的東西,它們的差別在於顆粒的大小。細沙的顆粒最大,粉土(淤泥)其次,黏土最小。

　　土壤中往往包含一系列的分層,稱作**土壤層**(soil horizon),如下頁圖 15.5 所示。最深的一層恰位於地底的岩石之上,是所謂的基土層(substratum),在這裡岩石正開始要經由滲漏下來的水分解成土壤;基本上,生長中的植物不會延伸到這一層來。在基土層之上的是亞土層(subsoil),這裡主要由黏土構成;只有最深的根會穿透到

這一層，這層土壤大約有 1 公尺的厚度。亞土層之上是表土層（top-soil），這是土壤的表層，厚度從幾公分到 2 公尺不等。表土層通常含有大約等量的細沙、粉土與黏土；植物的根部從這一層中吸收大多數的養分。

　　肥沃的表土至少得包含四種組成：礦物質顆粒、水、空氣、有機質。礦物質顆粒是指細沙、粉土與黏土的顆粒。就在岩石受侵蝕而形成這些顆粒時，植物所需的許多種營養素也會從岩石釋出。這些顆粒的大小大大影響土壤的肥沃度，因為大顆粒會構成多孔疏鬆的土壤，裡面有很多小空隙，可以匯集水分與空氣（肥沃的表土中有高達 25% 的土量是由這種小空隙構成）；植物根部可以從這些小空隙吸收水分及含在空氣中的氧。至於小顆粒，由於它們彼此緊密的聚積在一起，幾乎沒有或僅有少數的小空隙形成，可想而知，這種土壤既不透氣（缺氧），也沒有水分可以供應植物的根部；這也說

圖15.5
土壤的縱剖面結構是一系列的分層，稱作土壤層。

表土層

亞土層

基土層

明為何植物在黏土中無法生長良好。圖15.6比較了這兩種極端質地的土壤。

　　表土中的有機質是由掉落的植物部位（例如葉片、枝條）、動物的腐屍，以及細菌、真菌等分解者所構成的混合物，如圖 15.7 所示。這些有機物質統稱為**腐植質**，裡面富含各種植物的養料。腐植質的質地疏鬆，使植物的根部有機會接觸到地下的水分及氧氣；它也會與土壤結合，有助於防止表土的侵蝕與流失。

　　水流經土壤的過程稱作滲濾作用（percolation）。土壤愈疏鬆，滲濾的速率愈快。當滲濾過度時，流經土壤的水分將帶走許多水溶性養分，降低土壤的肥沃度與生產力，這種情形叫做瀝濾（或「淋溶」，leaching）。當滲濾過少時，表土層出現積水情形，使植物缺氧窒息。在滲濾適度的土壤中，水分會從較大的空隙向下流。

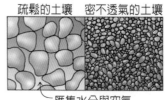

疏鬆的土壤　　密不透氣的土壤

匯集水分與空氣
的小空隙

圖 15.6
大的土壤顆粒形成大的空隙，小的土壤顆粒形成小的空隙。

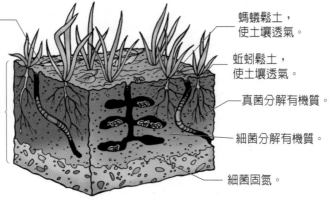

土壤表面的廢物：落葉、部分分解的有機質。

表土層：
有機質、活
生物、岩石
顆粒。

螞蟻鬆土，
使土壤透氣。

蚯蚓鬆土，
使土壤透氣。

真菌分解有機質。

細菌分解有機質。

細菌固氮。

圖 15.7
有機質和活的生物是表土層重要的組成物。

土壤可以有效保留正電離子

　　礦物質顆粒在維持土壤的養分上扮演重要角色。如表 15.1 所示，許多植物所需的營養素都是帶正電的離子。而大多數礦物質顆粒的表面都是帶負電。圖 15.8 顯示正負離子相吸的引力，如何防止土壤中的營養素被沖刷掉。黏土保留營養素的程度最顯著，因為它們是最小的礦物質顆粒，因此就同樣的體積而言，它們有最大的表面積。

　　腐植質中的腐敗物質含有許多羧酸基與酚基，它們在正常的土壤pH值環境下，是呈現帶負電的羧酸根離子與酚離子。因此和礦物質顆粒一樣，腐植質也有助於保留帶正電的營養素。

◪ 圖 15.8
土壤礦物質顆粒的表面與腐植質的表面皆帶有負電離子，有助於保留帶正電的營養素離子。

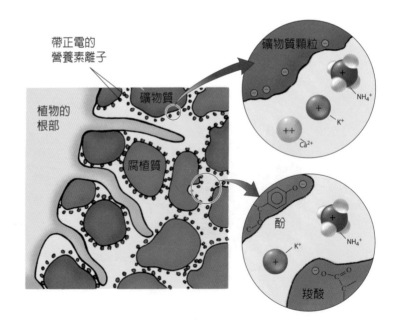

觀念檢驗站

為什麼土壤保持銨離子（NH_4^+）的能力比保持硝酸根離子（NO_3^-）的能力佳？

你答對了嗎？

土壤中的礦物質顆粒及腐植質的表面皆帶負電，因此容易抓住帶正電的銨離子，而排斥帶負電的硝酸根離子。

　　土壤的pH值大大的受到二氧化碳含量的影響。還記得《觀念化學3》第 10.4 節中，我們看到二氧化碳與水反應，能形成碳酸，最後會形成鋞離子（H_3O^+）：

$$O=C=O + H_2O \longrightarrow HO-C(=O)-OH + H_2O \longrightarrow HO-C(=O)-O^- + H_3O^+$$

二氧化碳　　水　　　　　碳酸　　　水　　　碳酸氫根離子　　　鋞離子

　　土壤中的二氧化碳愈多，鋞離子就愈多，pH值也就愈低。土壤的pH值偏低，表示土壤呈酸性。土壤中的二氧化碳有兩種主要的來源：腐植質及植物的根部。腐植質在腐化時會釋出二氧化碳，植物的根部行呼吸作用時，也會釋出二氧化碳。在健康的土壤裡，有足

夠的二氧化碳從這兩種過程中釋出,使土壤的pH值介於 4 到 7 之間。如果土壤變得太酸,可以添加弱鹼之類的東西,例如碳酸鈣(也就是常聽到的石灰石)。

　　鉀離子能夠取代礦物質顆粒及腐植質表面所保留的營養素,植物頗懂得善用這種原理。圖 15.9 顯示植物如何藉由從根部釋出二氧化碳,以產生能取代營養素的鉀離子。營養素被鉀離子取代後,不再附著在土壤顆粒上,就可以隨時讓植物吸收。

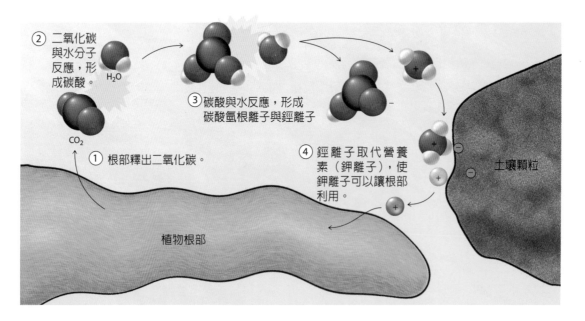

② 二氧化碳與水分子反應,形成碳酸。
H₂O
CO₂
③ 碳酸與水反應,形成碳酸氫根離子與鉀離子
④ 鉀離子取代營養素(鉀離子),使鉀離子可以讓根部利用。
① 根部釋出二氧化碳。
土壤顆粒
植物根部

圖15.9
植物藉由釋出二氧化碳來確保土壤中有穩定的營養素可以供應根部。

觀念檢驗站

pH值低於正常的土壤，將如何導致植物發生營養不足的情形？

你答對了嗎？

當土壤的pH值低於正常時，表示土壤空隙中的水分含有大量的鋞離子，鋞離子能從礦物質顆粒及腐植質的表面取代大量的營養素離子。這些營養素可能大部分在植物來得及吸收以前就被沖刷掉。不用多久，土壤便流失許多養分，使植物發生營養不足的情形。

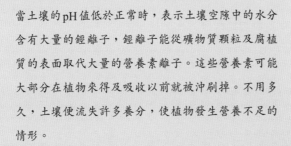

生活實驗室：土壤pH值的定性測試

你可以利用《觀念化學3》第10章介紹的紅甘藍pH指示劑來測試不同土壤的pH值。

■ 請先準備：
一杯土壤、水、濃縮的紅甘藍pH指示劑、滴管、棉花球、筷子、兩個水杯。

■ 請這樣做：
1. 把土壤浸滿水，攪拌成稀泥水，然後靜置一會兒，直到土壤上方出現高一公分的水層。如果頂端未出現水層，再多加入一些水攪拌，然後再靜置一會兒。
2. 把滴管上方的吸球移除，在管子頂端塞入一些棉花球，並利用筷子將棉花擠壓到管子較窄的另一端。把靜置土壤所產生的水層倒入管子裡，然後把吸球裝回去，並將管內的液體經由棉

花的過濾擠入其中一個水杯。如果濾出來的水依然呈現棕色或渾濁，重複剛剛過濾的動作，但要記得每次都要更換新的棉花球。

3. 在第二個水杯中加入與第一個杯中濾出的水等量的乾淨水。在兩杯水中加入等量的 pH 指示劑，比較兩者的顏色。還記得《觀念化學 3》的第 10 章曾經提過，紅色愈深，表示酸性愈強，綠色則表示溶液呈鹼性。

你不妨在不同的地點採集土壤樣本，然後比較你得到的結果。

🐛 生活實驗室觀念解析

由於土壤顆粒會吸收紅色素，因此在你加入指示劑前，要盡量移除水中懸浮的土壤顆粒。任何懸浮在水中的土壤顆粒，都將使指示劑變黑。

這個實驗只能粗略瞭解土壤的 pH 值。如果要更精確測量土壤的 pH 值，可以到園藝店購買 DIY 的測量工具箱。

15.4 天然及合成肥料幫助土壤回復肥沃度

農作物的採收及瀝濾作用不僅使土壤損失植物的養分，也會降低土壤的肥沃度。於是農夫以添加肥料的方式來補救，使流失的養分有補充的來源。堆肥及礦物質是天然產生的肥料；所謂的「**堆肥**」是指腐爛的有機質，包括動物的糞便、食物的殘屑或植物的各部位物質；礦物質肥料則是開採來的。好比說，硝酸鈉（智利硝石）一度是人們廣為利用的氮肥來源，但 1800 年代晚期，這種含氮礦物質

的供應幾乎消耗殆盡。直到 1913 年，一位德國化學家哈柏（Frotz Haber，1868-1934，1918年諾貝爾化學獎得主）發明從氫氣與大氣中的氮氣合成氨，才使新的氮肥有了著落。

$$N_2 + 3\,H_2 \rightarrow 2\,NH_3$$

氮氣　　氫氣　　氨氣

　　這項技術是目前製造氨的主要方式，製成的氨可以液態形式儲存在高壓筒中，再注射到土壤裡；或者，也可以將氨轉化成水溶性的鹽類，例如硝酸銨，然後再以固態或溶液的形式放入土壤中。至於其他的礦物質養分，例如磷、鉀，則仍舊是以開採礦物的方式，做為主要的來源。

　　過去，礦物質肥料是以開採所得的形式直接利用。今天，化學家已經知道如何混合及調配礦物質，來取得很多種不同的配方，每一種配方都可用來解決不同的土壤問題，或迎合某種植物的特殊需求。這些經過調配的礦物質肥料統稱為化學製造肥料，或更常用的名稱是合成肥料（synthetic fertilizer，或人工肥料）。不過，大家不要著眼於「合成」一詞的表面意義，因為除了哈柏利用化學反應製造出來的氨之外，所有在合成肥料裡的礦物質，都是源自地面下的天然礦物。

　　僅含一種養分的肥料稱做**單質肥料**（straight fertilizer），硝酸銨是其中一例，因為它只提供氮。任何含有氮、磷、鉀這三種最基本營養素的肥料，稱為完全肥料（complete fertilizer）或**混合肥料**（mixed fertilizer）。所有的混合肥料都會清楚標示出肥料中含氮、磷、鉀的百分比值，如下頁圖 15.10a 所示。典型的混合肥料中，氮、磷、鉀三

者的比例約為 6%、12%、12%（或可簡寫為：6-12-12）；而在典型的堆肥中，三者的比例約從 0.5%、0.5%、0.5% 到 4%、4%、4% 不等。堆肥中的氮、磷、鉀比值之所以這麼低，是因為它們的有機質含量占了很大的比例，如圖 15.10 b 所示。這些有機質堆體有助於保持土壤疏鬆透氣，同時可充當土壤中有益生物的食物；另外，由於有機質表面帶有負電，能夠吸引帶正電的營養素離子，使得土壤中的養分不會那麼快流失掉。

右頁圖 15.11 顯示含氮的合成肥料對作物產量的影響。不過開採及提煉合成肥料，需要花費很多能量，因此這種肥料價格不斐。譬如，在美國生產玉米所需要的總能量中，至少有三分之一是用來製造、運輸及施放氮肥。儘管如此，合成肥料仍廣泛的被使用，我們當前的食物供應還需要仰賴它們。

(a)   (b)

圖 15.10

(a) 一般合成的混合肥料，包裝上有含氮、磷、鉀百分比的標示。

(b) 有機肥料中，有機質的比例占絕大多數。

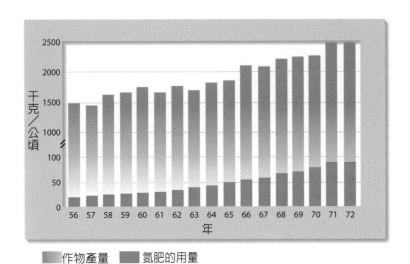

作物產量 ■ 氮肥的用量

◁ 圖 15.11
從 1956 年到 1972 年，全球作物的產量隨著氮肥使用的增加而成長。

觀念檢驗站

已知咖啡園中含有大量的咖啡因這種植物鹼（請見下面的化學式）。請問下面哪一組氮、磷、鉀的百分比最可能代表咖啡園裡的土質：2-0.3-0.2、0.3-2-0.2 或 0.3-0.2-2？

咖啡因

你答對了嗎？

由於咖啡因是一種含氮化合物，這表示種植咖啡的
土壤中含有相對較高比例的氮，因此這三組氮、
磷、鉀的比值中應屬 2-0.3-0.2 最有可能。

15.5 消滅昆蟲、雜草及真菌

　　想要使農作物產量高，不僅要提供足夠的營養，還需要抵抗作物的天敵（包括各種蟲害與菌害）。爲了控制蟲害，農夫使用了統稱爲「農藥」的化合物。若將農藥細分，則包括可殺死昆蟲的殺蟲劑、消滅雜草的除草劑，以及殺死真菌的殺菌劑。

殺蟲劑殺死昆蟲

　　大多數的昆蟲對農業是有益的，甚至是必要的。例如蜜蜂，在美國有價值百億的農產品都是靠牠們傳粉才得以收成。其他還有無數種昆蟲參與營養的循環，並協助維護土壤的品質。不過，少數的昆蟲持續的威脅著我們種植、採收及儲存農作物的能力，使用殺蟲劑就是要對付這些害蟲。最廣爲使用的殺蟲劑有氯化碳氫化合物、有機磷化合物，以及胺基甲酸鹽。

　　氯化碳氫化合物有驚人的持久度，在處理過的土壤表面，可以好幾個月甚至好幾年，都沒有害蟲的蹤跡。這種持久度至少有兩個

原因使然：第一，氯化碳氫化合物似乎不容易被生物分解，這表示沒有天然的途徑可以瓦解它的化學結構。再者，它們屬於非極性化合物，意味著它們不溶於水，因此不會被雨水沖走。

1939 年，化學家成功合成氯化碳氫化合物，也就是DDT（如圖 15.12 所示），為抵制害蟲帶來新突破。就在 1940 年代到 1950 年代期間，農人自由的在作物上施用DDT，使得作物產量明顯增加。除了保護植物，DDT也保護農人避免疾病。此外，DDT也被施放到河流、小溪、村莊裡，用來協助控制蚊子、蝨子，以及采采蠅的繁殖，這些昆蟲分別會散播瘧疾、斑疹傷寒，以及昏睡症。根據世界衛生組織的統計，DDT對抗這些疾病的能力，保住了大約二千五百萬人的性命。

但是不出幾年，昆蟲族群開始發展出對DDT的抵抗力。再者，人們發現DDT對包括昆蟲的天敵（像是鳥類）在內的野生動物有毒害。天敵的減少，使有抗DDT能力的昆蟲得以增殖繁衍。因此，最初使用DDT來提高作物產量的方式，漸漸不管用了。

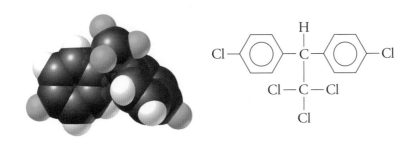

⌂ 圖 15.12

DDT的化學全名為二氯二苯基三氯乙烷（dichlorodiphenytrichloroethane）。

到了 1950 及 1960 年代之間，DDT 及其他殺蟲劑的種種負面影響，經由一些出版品的報導，引起了大眾的關注，其中包括生物學家卡森（Rachel Carson，1907-1964）的名著《寂靜的春天》。卡森透過詩句來闡述瞭解生態系動靜的重要性，生態系的平衡對人類的活動具有極高的敏感度，動輒受累。她還描述一種所謂的**生物累積**（bioaccumulation），意思是當有毒的化學物質從低的營養階層進入食物鏈後，它會在較高階層的生物體內累積成較高的濃度，如圖15.13所示。（編注：關於DDT的另一種科學觀點，請參閱《蘇老師化學聊是非》一書第3章〈殺蟲也殺人？〉，天下文化出版。）

圖15.13
在受DDT汙染的水生環境中，DDT的濃度從水中的 3×10^{-6} ppm 沿著食物鏈的營養階層一路攀升，直到最高層的鳥類體內，已累積到25ppm的濃度。

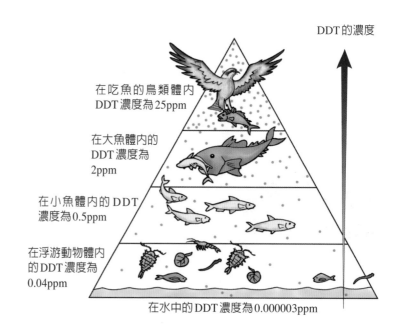

DDT的濃度

在吃魚的鳥類體內
DDT濃度為25ppm

在大魚體內的
DDT濃度為
2ppm

在小魚體內的DDT
濃度為0.5ppm

在浮游動物體內
的DDT濃度為
0.04ppm

在水中的DDT濃度為0.000003ppm

例如，人們在河川或湖泊噴灑DDT，少量的DDT會被水生微生物攝食，並儲存在它們的非極性脂質中。由於這些水生微生物會被水中較高營養階層的動物攝食，因此DDT在這些較大型生物的體脂肪中，會繼續累積較高的濃度。依此類推，高居此食物鏈之頂的掠食性鳥類（猛禽）將累積最大量的DDT。最後，這高濃度的DDT會影響鳥類族群的數量，因為DDT中毒的鳥類所下的蛋，其蛋殼太脆弱，無法保護發育中的胚胎。因此許多鳥類族群的衰退，甚至一些鶚、隼、鷹等猛禽的幾乎絕種，DDT都是促成的元兇。在 1970 年代初期，美國及其他許多國家開始禁止DDT的使用。幾年內，這些國家境內的許多野生動物便恢復了往常的數量。

不過，並不是所有國家都禁用DDT，很多國家依舊仰賴DDT，把它視為控制傳播人類疾病的昆蟲的一種經濟方式。因此，DDT的使用仍然存在許多爭議。

許多替代DDT的氯化碳氫化合物已經研發出來。最早的替代物之一是甲氧DDT（methoxychlor），請見下頁圖15.14。這個化合物對大多數動物的毒性比DDT要低得多，且不像DDT會立即儲存到動物脂肪裡。仔細比較甲氧DDT和DDT的結構，你會發現它們幾乎是一樣的東西，只差在甲氧DDT有兩個醚基，而DDT在同樣的位置則是兩個氯原子。由於這兩者的分子構造幾乎相同，它們對昆蟲的毒性也相當。不過，在較高等的動物體內，醚基的氧原子有助於解毒。更精確的說，就是動物體內的肝臟酵素可以切斷甲氧DDT的醚基，形成有極性的產物，然後經由腎臟排出體外。

不同於氯化碳氫化合物，有機磷和胺基甲酸鹽這兩類殺蟲劑，能迅速分解成水溶性的組成物，因此它們發揮作用的時間不會太持久。不過，它們對昆蟲及動物的立即毒性，遠超過氯化碳氫化合

醚基

$$H_3C-O--C--O-CH_3 \xrightarrow[H_2O]{\text{酵素}}$$

甲氧DDT

$$H_3C-OH + H^+ + {}^-O--C--O-CH_3$$

極性產物（水溶性）

圖15.14
甲氧DDT是DDT的許多替代品之一。肝臟中的酵素可以切開醚基，產生極性化合物。將此圖與圖 15.12 的DDT分子做比較，你會發現DDT缺乏有助於解毒的醚基。

圖15.15
蜜蜂晚上不採蜜，因此作用迅速的殺蟲劑，像是有機磷和胺基甲酸鹽之類的化合物，最好趁晚上施用。第二天，當蜜蜂又回來時，這些殺蟲劑已喪失許多原有的毒性。

物。所以在施用時，要特別注意安全措施，尤其是要防範對蜜蜂的毒害（請見圖 15.15）。

在農業及居家使用的殺蟲劑中，有上百種產品都是屬於有機磷和胺基甲酸鹽之類的東西。其中兩個重要的例子分別是馬拉松（malathion）和加保利（carbaryl），前者屬於有機磷化物，後者為胺基甲酸鹽類，請見右頁圖 15.16。馬拉松可殺死一大堆不同的昆蟲，像是蚜蟲、浮塵子、甲蟲、蜘蛛蟎等。加保利和其他胺基甲酸鹽類一樣，對能殺死的昆蟲種類有相對較高的選擇性。

◁ 圖15.16
馬拉松和加保利是廣為使用的
殺蟲劑。

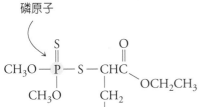

磷原子

$CH_3O-P-S-CHC$

氨基甲酸基

馬拉松
（一種有機磷化合物）

加保利
（一種胺基甲酸鹽）

觀念檢驗站

為什麼氯化碳氫化合物在環境中比有機磷化合
物停留更久呢？

你答對了嗎？

因為氯化碳氫化合物缺乏天然的途徑以迅速分解成
較無害的化合物。同時，因為它們是非極性物質，
因此不容易被雨水沖刷掉。有機磷化合物可以很快
分解成水溶性的產物，可以被雨水帶走。

生活實驗室：消滅你家的昆蟲

也許對環境最友善的殺蟲劑是肥皂水或清潔液。昆蟲的身上有一些微小的氣孔，大氣中的氧可以直接由此進入昆蟲的細胞。這些氣孔很容易被肥皂水或清潔液貫穿，使昆蟲的氣體交換受阻，導致昆蟲窒息。一般來說，昆蟲愈大，肥皂水的濃度需要愈高，才能有效殺死昆蟲。例如稀釋的肥皂水可以迅速殲滅蚜蟲，但要殺死一隻蟑螂，就要相對較高濃度的肥皂水了。

■ 請先準備：

肥皂水或清潔液、量匙、噴灑瓶、受蒼蠅或蚜蟲等居家或庭園害蟲侵入的植物。

■ 請這樣做：

1. 利用量匙調配不同濃度的肥皂水。輕輕攪拌肥皂水，以避免過多的泡沫。
2. 把每一種肥皂水倒入不同的噴灑瓶中，並且標示肥皂水的濃度（譬如，每杯幾茶匙）。
3. 測試每一種肥皂水對植物的驅蟲效果。最後記得噴灑乾淨的水，移除植物上殘留的肥皂。

▲ 生活實驗室觀念解析

利用肥皂或清潔劑清除昆蟲的好處是，這些東西不貴、容易清洗，而且很環保；壞處則是它無法專殺害蟲而保留益蟲。再者，它們僅能以直接接觸的方式來殺蟲，一旦昆蟲被殺死，還要把植物擦拭乾淨；要是你使用的是濃縮清潔液，想把肥皂清理乾淨恐怕是很辛苦的事。此外，清潔劑也不會有持久的殺蟲效果。

有趣的是，昆蟲的呼吸孔系統是一個細緻的網絡，它限制了昆蟲體型的大小。如果真有一隻超重的昆蟲，牠的體重將會壓垮所有細微的呼吸孔道。不過，在史前時代，由於大氣中的氧氣濃度較高，使大型昆蟲得以演化出來，譬如我們在恐龍圖畫書中，常見到的體長一公尺的大蜻蜓。

除草劑殺死雜草

　　雜草會與農作物競爭寶貴的養分。傳統控制雜草的方法是把它們犁到土壤下，讓它們在土壤中分解，並釋出它們活著時曾吸收的營養。翻犁的動作也有鬆土效果，可以幫助土壤通氣，不過這種功夫往往十分辛苦，或者很耗費能源，同時容易導致表土的侵蝕。在1900 年代初期，農夫注意到某些肥料，像是氰氮化鈣（CaNCN），會選擇性的殺死雜草，但對農作物卻無大礙。這促使人們廣泛搜尋能做為除草劑的化學物質。今日，農夫可以從幾百種除草劑中選擇合適的產品，且許多種都能針對某特定的雜草加以消滅。美國的農人每年施用將近六億磅的除草劑，差不多比他們使用的殺蟲劑量還多三倍。

　　下頁圖 15.17 顯示兩種有選擇性的除草劑：2,4-二氯苯氧乙酸（簡稱 2,4-D）和 2,4,5-二氯苯氧乙酸（簡稱 2,4,5-T）。兩者皆模仿植物生長激素的作用，且能選擇性殺死闊葉植物，而保留禾本科植物，例如玉米和小麥。有一種叫做「橘劑」的落葉劑是 2,4-D 和 2,4,5-T 的混合物。越戰期間，美軍施用超過一千五百萬加崙的橘劑及相關的除草劑，來去除叢林中的樹葉，以防敵軍藏匿其中。當時的越軍、人民、美軍，及其他接觸到橘劑的人所出現的健康問題，據說與橘劑的少量汙染物 2,3,7,8-四氯二聯苯戴奧辛（TCDD）有關。這種汙染物是製造 2,4,5-T 時產生的副產物，1985 年，基於這種汙染物的考量，美國環境保護局下令禁用 2,4,5-T。不過，在這之後，又有人發明不必產生 TCDD 就可以製造 2,4,5-T 的方法，使得 2,4,5-T 再度具有被當作強效除草劑的可能性。

圖15.17
2,4-二氯苯氧乙酸（2,4-D）、
2,4,5-二氯苯氧乙酸（2,4,5-T）
以及 2,3,7,8-四氯二聯苯戴奧辛
（TCDD）的化學式。

2,4-D

2,4,5-T

TCDD

　　其他三種常用的除草劑是亞脫淨（atrazine）、巴拉刈
（paraquat）、嘉磷塞（glyphosate），如右頁圖 15.18 所示。亞脫淨對一
些常見的雜草有害，但對許多禾本科作物無礙，因為後者可以經由
代謝迅速分解亞脫淨除草劑的毒性。

　　巴拉刈會殺死發芽階段的雜草。在 1970 到 1980 年代，這種除
草劑以空中噴灑方式，消滅了美國、墨西哥及大部分中南美洲境內
種植罌粟花與大麻（兩者皆為製造毒品的天然來源）的田地。然
而，巴拉刈的殘餘物卻跑進這些非法的毒品中，造成使用者肺部受
損。基於道德因素，人們取消以巴拉刈噴灑毒品植物的慣常做法。

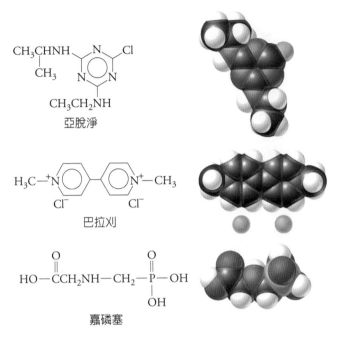

圖 15.18
三種常見的除草劑：亞脫淨、
巴拉刈、嘉磷塞。

亞脫淨

巴拉刈

嘉磷塞

嘉磷塞是一種沒有選擇性的除草劑，它破壞的是所有植物都具有的一種化學過程：酪胺酸及苯丙胺酸的生化合成反應。嘉磷塞對動物的毒性很低，因為大多數動物不會自行合成這些胺基酸，而是從食物中攝取。

殺菌劑殺死真菌

真菌和其他分解者一樣，在土壤的形成過程中扮演重要的角色，不過它們也會對農產品造成傷害。大多數真菌造成的傷害發生在植物成長的早期；此外，真菌還會破壞儲存的糧食，特別是對全球的水果收成帶來重大的損失。

在美國，農人每年要消耗將近一億磅的殺菌劑，這表示殺菌劑的用量在除草劑、殺蟲劑之後，排名第三。得恩地（thiram）是這類殺菌劑的例子之一，它廣泛的使用在水果蔬菜上，請見圖15.19。

圖15.19
殺菌劑得恩地的化學式。

$$(CH_3)_2N-\overset{\overset{\displaystyle S}{\|}}{C}-S-S-\overset{\overset{\displaystyle S}{\|}}{C}-N(CH_3)_2$$

得恩地

在過去的 60 年間，包括殺蟲劑、除草劑、及殺菌劑在內的農藥，在預防疾病及增加食物產量上，對人類社會貢獻不小。可以預見的是，我們對農藥的需求將持續下去，但在使用上也勢必要求更高的特定性（專一性）。再者，人們也逐漸意識到使用農藥的好處，必須在顧及其潛在風險的前提下來思考。

15.6 從錯誤中記取教訓

過去一百年來，農產品的產量有明顯的增加。 1900 年，一畝美國農田大約僅生產 30 蒲式耳（bushel，每一單位約有36公升的容量）

的玉米。今日，相同的一畝田，可以生產大約 130 蒲式耳的玉米。這種增加的效率，意味這一百年間農田需要的人手顯著的下降。1900 年代，美國大約有三千三百萬人務農維生；今日，僅大約兩百萬人從事商業性農耕，負責生產作物及牲口。

　　許多用來提高產量的農耕方式，都有明顯的弊端。例如殺蟲劑和肥料，就具有某些潛在的風險。殺蟲劑本身是有毒性的東西，美國每年有上千名從事農耕的人因為施用不當，而遭受這些危險化合物的毒害。肥料雖然幫助作物生長，但是大量的肥料在施用後，被雨水沖刷入河川湖泊，破壞了生態平衡，尤其是刺激藻類繁殖過量（請見《觀念化學5》第16.6節）。從農田流出來的農藥與肥料也會汙染我們的飲用水源，因而影響到人類的健康。例如一種稱為藍嬰症候群的疾病，就是來自飲水中含有高濃度的硝酸根離子，這是多數肥料中的主要成分。硝酸根離子在血液中會與氧競爭，彼此搶著與血紅蛋白裡的正電鐵離子結合。這將導致一種稱為「變性血紅素血症」（methemoglobinemia）的貧血症，嬰兒對此症特別敏感。除了呼吸短促，主要的症狀之一是皮膚會呈現藍色。

　　使用合成肥料，不利於表土層的保養，也是人們憂慮的事。合成肥料缺乏有機質的堆體，也無法提供食物給土壤中的微生物及蚯蚓。長時間下來，僅施予這類肥料的土壤將失去生物活性，使土壤的肥沃度下降。缺乏有機質堆體的土壤會愈來愈白堊化，動不動就受到風的侵蝕。此外，白堊化的土壤失去保水的能力，表示施放的肥料很容易被沖刷掉，因此所需的肥料用量只好不斷的增多。

　　過去的一百年間，有害的農耕操作已使美國部分地區的表土流失了 50%。在 1930 年代，錯誤的農耕方式加上乾旱的天候，引發巨大的沙塵風暴，移走了包括堪薩斯州、奧克拉荷馬州、科羅拉多

州，以及德州等地的大部分表土。在某一次風暴中，一大片沙塵暴從美國中西部一路往南席捲到華盛頓特區，再進入大西洋。當時，該市的市議員親眼看見窗外上演這幕土壤管理失當所引起的後遺症，於是迅速通過立法，建立土壤侵蝕保護協會，後來更名爲國家資源保護協會。一直到今日，美國的土壤侵蝕保護協會仍致力於爲後代子孫保護全美的表土。

農耕所需的另一項有限資源是淡水。在那些雨水不足以供應大量農作物生長的地區，水的來源有兩種管道：從湖泊河川引流到田地裡，或是從地底下抽水使用。在很多地區，地下水是主要的淡水來源，但是過度使用卻造成很大的危害。例如位在加州的聖荷亞金谷（San Joaquin Valley），由於人們從 1920 年代就開始抽取地下水灌溉農田，使當地的地表到了 1977 年時，已下陷超過 10 公尺。

任何雨水之外的水源，都需以某種灌溉方式把水引到農田裡。溢流（flooding）是一種常見的方式，但這方法效率差，因爲大多的水都在逕流（runoff）與蒸散中損失了。噴灑系統是繼溢流法之後的改良方式，因爲它們不會造成土壤的侵蝕。不過，這種系統還是會損失大量的水，因爲從空中噴灑的水，有一大部分尚未抵達地表就蒸散掉了。

地表上的水，不論多麼的清淡，多少都含有一些鹽分。當灌溉水從農田蒸散後，這些鹽分遺留在農地裡，長時間下來，反覆的灌溉將使土壤的鹽分升高。這種過程叫做**鹽化作用**（salinization），會導致農地的生產力迅速下降。爲了抵制鹽土化，農夫讓大量的水湧入農田中。待這些水排入河川中，也會將多餘的鹽分，連帶著大量的表土，一起沖刷到河流裡。因此流經農地的河流，它流向大海的水會愈來愈鹹，如右頁圖 15.20 所示。

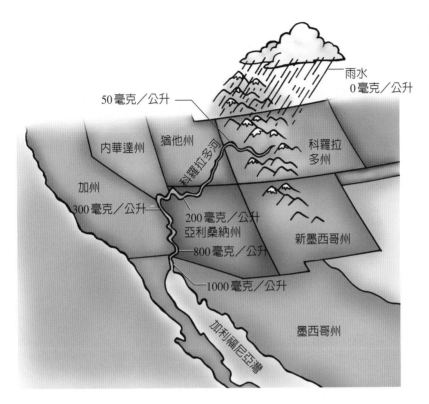

50毫克／公升

雨水
0毫克／公升

內華達州

猶他州

科羅拉
多州

科羅拉多河

加州
300毫克／公升

200毫克／公升
亞利桑納州

800毫克／公升

新墨西哥州

1000毫克／公升

加利福尼亞灣

墨西哥州

 圖15.20
從農田排出來的水，會將其所含
的鹽分帶入流經農地的河川中，
使河水的鹹度逐漸增加。好比
說，圖中的科羅拉多河在抵達加
利福尼亞灣時，它的水已經鹹到
無法提供高產量的農耕之需。在
安全飲水裡，鹽的標準濃度是
500 毫克／公升。當土壤中的鹽
濃度到達 800 毫克／公升，表示
土壤、河川已遭受農耕的損害。

觀念檢驗站

Q　　　山裡的溪流是否含有任何溶解出來的鹽？

15.7 維護農地的高產量

本章一開始，我們把農業定義爲有系統的利用資源以生產食物的活動。這些資源（主要是表土層與淡水）是否能繼續被下一代利用，就要看我們現在如何好好管理及規劃它們了。從經驗中我們知道，殺蟲劑與肥料不能爲所欲爲的濫用，否則會威脅到表土的品質與乾淨地下水的供應（對於人類健康與地球環境的影響，就更不用說了）。

過去數十年來，人們不斷改進農耕方式與技術，以期能長久保有農業資源。例如傳統灌溉法所產生的各種問題，可以**微灌溉法**（microirrigation）來解決，這種改良方式是指任何可以直接將水送到植物根部的方法。微灌溉法不僅能防止表土層的侵蝕，也可減少蒸散掉的水分，進而降低農田的鹽化作用。圖 15.21 顯示微灌溉法的其中一種。

◁ 圖15.21
圖為以滴水管進行灌溉的蕃茄幼苗培育方式（稱為滴水灌溉），在每個培育籃中，各有三個支管將水分別輸送至三株幼苗根部。

有利環境的有機農耕

為了控制害蟲及維護土壤的肥沃度，傳統的農業生產開始向許多小規模的農作方式看齊。這些農人所展示的是，不用殺蟲劑也不用合成肥料，就可以生產大量的農作物。他們的方法就是所謂的**有機農耕**（organic farming），在此，我們以「有機」一詞來表示對環境的關注，以及僅使用天然化學物質的承諾。

為了防止蟲害，有機農人在特定的一塊農地上交替種植作物。這種輪耕（crop rotation）方式效果頗佳，因為不同的作物有不同的害蟲。好比說，某種害蟲會在某一季的玉米作物上大量繁殖，但到了下一季的苜蓿作物，牠們就沒戲唱了。至於肥料方面，有機農人仰

圖 15.22

無臭的堆肥場所很容易搭建與維護。圖為台中市農會設置的有機堆肥場所與堆肥桶。

賴的是堆肥，請見圖 15.22。除此之外，他們也會把固氮植物引進輪耕的時間表中。

現在很多人宣稱，以有機方式生產的食物對人體比較有利。然而，就化學層次來看，植物從合成肥料吸收的原子，與從天然肥料所得到的原子是一樣的東西。如果說有機蔬果吃起來真的比傳統生產方式的蔬果好吃，或者比較營養，原因可能是與作物的基因品系（品種）有關，或者是因為栽種期間比較用心照料，好比說水分的供應良好，或是細心控制土壤的pH值。

有機耕種似乎對環境比較有利。除了可以避免殺蟲劑及合成肥料的逕流對河川造成汙染，還可以節約能源。有機耕種所耗費的能源僅約傳統耕種方式的 40%，其中有一大部分省下的能源，是來自於省下非常耗能的殺蟲劑與合成肥料的生產過程。譬如說，在美國，每年有將近三億桶原油消耗在氮肥的生產。

事實上，就每單位的產量來說，有機方式生產的食物比傳統方式還便宜，但是市場供需的壓力往往造成有機蔬果的價格飆漲。不過，由於很多有機食物的生產，都是農民小規模種植的成果，購買有機蔬果也就等於幫助了他們的生計。因此，支持有機蔬果，就是對有利環境的耕種方式投下神聖的一票。在美國，有機食物的銷售預期已經從 2002 年的一百億，增加到 2016 年的四百億。

觀念檢驗站

以有機方式生產的食物，跟以傳統方式生產的作物，哪一種是由有機化合物做成的？

你答對了嗎？

> 姑且不論這些食物是以天然肥料或合成肥料來栽培，所有的食物都是由有機化合物構成的，這些有機化合物包括碳水化合物、脂質、蛋白質、核酸，及維生素。吃一根以傳統方式生產的胡蘿蔔，只要徹底洗淨，和吃一根不用殺蟲劑及合成肥料所種植的有機胡蘿蔔，其實都一樣好。所謂「有機」，在這裡是表示以天然的方式栽種。

整合式作物管理法是永續農業的策略

　　為了使農業資源可以長久利用，包括產業界、政府機關、學術界等團體共同集思廣益，找出一套**整合式作物管理法**（integrated crop management，ICM）來經營農耕。簡單的說，這種策略就是在顧及當地土壤狀況、氣候條件，及經濟情況下，來提高農產利潤的管理方式。它的目的是要藉由「避免浪費、提升能源效率及縮減汙染」等做法，來長期保衛農人的天然資產。與其說 ICM 是某種定義明確的農作物生產方式，倒不如說它是一種動態的系統，期望能充分利用最先進的研究成果、科技發展以及專家的建議與經驗，來協助農業發展。

　　ICM 的重點之一在於強調多重耕種法，意思是說在一塊農地上同時種植不同的作物，或是以季節為劃分來輪耕。在有機耕種的情形下，多重耕種不但能達到顯著的蟲害控制，還可用來改善土壤的肥沃度。例如，豆科這類的產氮作物，可以與消耗氮肥的玉米同時栽種，兩者為互補的作物（如下頁圖 15.23 所示）。

ICM系統中有一重要的組成，就是**整合式害蟲管理法**（integrated pest management，IPM），目的之一是要減低農地遭受蟲害的可能，這可以經由幾種管道來完成。例如，在一片農地上開始耕種時，應該只種植適合當地氣候、土壤及地形等條件的作物，這麼一來就能幫助作物耐寒且不怕蟲害。同時也要盡量輪流耕種不同的作物，以減少蟲害與雜草的問題。此外，IPM 的另一項策略是在農場四周種植果樹或圍樹籬，或讓樹木零星分布在農田中。這些樹木、籬笆可以為益蟲及蜘蛛、蛇、鳥類等（牠們是害蟲的天敵），提供棲息、庇護及避難的場所；另一項額外的好處是，樹木與籬笆可以保護土地，減少風的侵蝕。

圖 15.23
像豆類與玉米這兩種互補的作物，可以在同一塊農地中，以一長條豆類、一長條玉米的交替種植方式，來提升土壤的肥沃度。這些條狀田地是順著地形的起伏來種植，以降低雨水或灌溉水的侵蝕。

除了以上的方式，IPM還有一種策略是培植對蟲害有天然抵抗力的植物。幾世紀以來，人們一直以「選擇最具抵抗力的植株交配」的方式，來完成育種的目的；今日，這種古法正快速的被基因工程技術所取代。

IPM 的另一個目標，是要把殺蟲劑等農藥的使用減到最低程度。因此，現在許多農人利用全球衛星定位系統（GPS），來鎖定真正需要施用農藥的範圍。農人可以利用紅外線衛星攝影技術，加上親自下田仔細評估田裡的狀況，來精準掌握作物需要的農藥混合物是哪一種。施藥的儀器與衛星定位系統之間有電腦相連，當農人在田間穿梭時，衛星系統每隔幾秒就會發出訊號，通知農人調整農藥的施放。同樣的技術也可以用來選擇性的施放合成肥料。

有許多其他的蟲害防治法可以取代農藥的施用，或者與農藥併用，以減少農人對這些化學藥物的需求量。如果人手足夠的話，作物上的蟲卵或幼蟲，可以直接用手摘除。至於雜草，也可以翻犁到土裡，而不必使用除草劑。還有各種生物手段，也都可以控制害蟲的數量，好比說，在某昆蟲族群中，引進大量沒有繁殖能力的個體，或者引入昆蟲的天敵，都能達到一定的效果。

另一種控制昆蟲繁殖的方法是利用**費洛蒙**（pheromone）來改變牠們的行為。費洛蒙是昆蟲釋出的一種揮發性有機分子，用來交換訊息。每一種昆蟲都有一套專屬的費洛蒙，有些做為警告訊號，有些則用來吸引異性。實驗室裡合成的性費洛蒙，可以用來引誘害蟲集中到存放殺蟲劑的定點，省去整片農地四處噴灑殺蟲劑的麻煩與浪費，請見圖15.24的例子。

自然界是很複雜、巧妙、多變的。如果我們想與自然保持永續的關係，我們的方法勢必也要複雜、巧妙與多變。新穎的或改良的

🏠 圖15.24

雌性舞毒蛾（gypsy moth）會釋放性費洛蒙（disparlure）（見上圖的分子模型），吸引雄性舞毒蛾來交配。雄性舞毒蛾對此化合物非常敏感，可以在含有 10^{17} 個氣體分子的環境中，偵測到一個費洛蒙分子，這種驚人的能力讓牠們可以感應到 1 公里之外的雌性舞毒蛾。不過，牠們也會受騙，被引誘到摻有人工性費洛蒙的殺蟲劑陷阱中。

208
觀念化學 4

技術，提供農人各種可行的運作方式，以因應自然界不斷變動的因子。不過，每一種運作都必須顧及到它對環境潛在的衝擊。就這點而言，想要永續耕種下去的人類，並不是在主宰自然界，而是設法與自然界一起共事合作。

15.8 用基因轉殖來改善農作物

過去幾十年來，基因工程的進步已為農業帶來深遠的影響。（請見 13.5 節，複習一下基因工程的技術。）幾世紀以來，農人利用育種方式培育出他們想要的性狀（特徵），使農作物和畜牧牲口的品質獲得改善。不過這種傳統方式往往過程冗長，且未必能達到目的。如今，利用現代分子生物的技術，把表現出所需性狀的基因植入動植物體內，可以迅速確實的達到人們期望的目標。由這種方式產生的生物叫做**基因轉殖生物**（transgenic organism），因為它們含有來自其他物種的一個或多個基因。

現在，科學家經常利用基因轉殖菌，來大量生產各種蛋白質，包括牛生長素（bovine growth hormone, BGH）。把這種荷爾蒙注射到乳牛或肉牛身上，可以提高牛奶的產量或使牛隻的體重增加。目前，這種做法已通過所有的安全檢驗，廣泛的施用於乳牛群中。

農業上基因轉殖技術的發展，大多與植物的改良有關。幾種重要的作物已被植入能製造殺蟲蛋白的基因，害蟲只有在吃了這些作物後才會死掉。右頁圖 15.25 顯示這種技術如何運用在玉米上。在這種機制之下，大多數（雖然未必全部）撲殺目標之外的益蟲，可以毫髮未損的存活下來，同時也能夠減少殺蟲劑的施放。另外還有

一些重要的作物也被植入能抵抗嘉磷塞除草劑的基因，當這種除草劑殺死田中的雜草時，這些作物便能倖免於難。此外，研究人員還在番薯的植株體內，植入會表現一種膳食蛋白的基因。這種蛋白質含有大量成人必需的八種胺基酸（請見第 80 頁的表 13.6），而這種高蛋白的番薯很容易栽培，對那些不易獲得高品質蛋白質食物的開發中國家，具有特殊的價值。

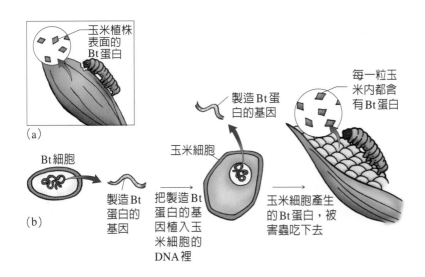

🏠 圖 15.25

（a）蘇力菌（*Bacillus thuringiensis*，Bt）會製造對玉米螟這種害蟲有毒的蛋白質。不過，一旦玉米螟侵入玉米的莖幹內，即使在玉米表面施用 Bt 蛋白，也無法控制這種害蟲。　（b）把製造 Bt 蛋白的基因植入玉米的 DNA 中，玉米細胞將產生 Bt 蛋白，使整株玉米對玉米螟都有抵抗力。

前述這些例子都需要把一個或數個外來基因植入生物體內的技術，不過，有許多人們想要的性狀，牽涉到的是一連串的基因。其中一個重要的例子是固氮作用；當前科學家正加緊研究如何把固氮所需的一系列基因，轉入無法固氮的植物體內。有了這種基因轉殖品種後，就不需要再消耗無論製造及施用都很昂貴的氮肥。由於固氮過程牽涉到的基因很多，目前生物技術還無法超越這個複雜的系統，但也許在不久的將來，科學界將有能力克服這個問題。

目前，基因改造的農產品備受爭議。有些科學家認為，生產基因轉殖作物只是傳統的交配育種法的延伸，傳統的育種方式可以產生新穎有趣的產品，像是橘柚（tangelo），即橘子與葡萄柚的混種。一般而言，食品藥物管理局的立場是，如果基因改造的結果，與市場上現有的產品相去不遠的話，就無需做檢驗。然而，另有一派科學家辯稱，製造基因轉殖生物與把近親動植物雜交混種，根本是兩回事。好比說，有人擔憂基因改造的作物可能長得太好，最終侵入不屬於它們的地盤去播種，而成為一種「超級雜草」。另外，基因轉殖作物還可能把它們的新基因傳給鄰近一帶的野生近親，製造出很難控制的後代。

目前在世界各地，每年有超過四億七千萬畝的田地栽培著基因轉殖作物。也就是說，全球大約有三分之一的玉米及超過二分之一的大豆，都屬於基因改造作物。未來，基因轉殖農業還會順應需求繼續發展下去，猶如本章一開始所介紹的黃金米。不過，儘管基因工程的潛力雄厚，我們還是需要以謹慎的態度來面對，並做好一切必要的保護措施。其中最重要的防患工作之一，就是把一般民眾教育好。

想一想，再前進

　　不消一個世紀，地球的人口將可能突破一百二十億（大約是今日的兩倍）。如果人口學家的預測正確，到時人類的數量將趨近一個穩定的水平，正如許多已開發國家的人口發展情形。當這個穩定的狀態來臨時，我們將有辦法養活自己嗎？答案也許是肯定的，但恐怕僅能撐一段時間。就算全球糧食生產的增加速率從現在開始趨緩，或許到時仍有足夠的食物餵養一百二十億張嘴。

　　然而我們要注意的是，不僅食物供應必須增加，更重要的是，增加的方式必須不破壞自然的環境。想要經營永續的農耕，我們勢必持續發展出能將環境的破壞縮減到最低程度的新科技。

　　搶救全球饑荒所面臨的最棘手問題，往往是社會層面的爭議多於技術層面。總而言之，大家必須更加努力來穩定世界人口的數量。因為地球的資源有限，目前全球各地能耕種的土地，大多已被農田覆蓋。而隨著人口的擴充，所需的糧食愈來愈多，同時也有更多的可耕地逐漸被移做住宅與商業用地，使農地縮減。可以預期的是，熱帶地區的居民基於經濟壓力而進行的「砍燒雨林、擴建農地」等活動，恐怕將繼續進行下去。

　　即使世界人口穩定發展，我們也不能假設大量的食物供應將解決全球饑荒問題。即使到了今天，世界糧食生產比過去任何時候都要充足，但每年仍有八百七十萬人死於營養不足，其中大多是年幼的孩童。沈恩（Amartya Sen）是對抗貧窮與饑荒問題的先鋒，也是1998 年諾貝爾經濟學獎得主（現為倫敦劍橋三一學院的經濟學教授）。他指出，在大多數情況下，營養不良不是源自缺乏食物，而是

因為社會大環境發生問題,如圖 15.26 所示。沈恩根據顯著的證據指出,「集體的行動可以使我們居住的世界不再有可怕、頑固的饑荒問題。」除了致力於提高農作物的生產量,還必須搭配社會、政治與經濟等制度的完善,才能使那些面臨饑荒的人有辦法生存下來。如此一來,全球饑荒便不是無法避免的問題!

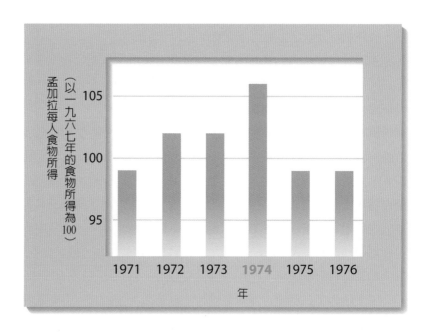

△ 圖 15.26
當 1974 年孟加拉發生饑荒時,正是該國每人食物所得量的高峰。導致數百萬人因饑荒而死亡的真正原因是失業、囤積糧食,以及食物價格上漲等問題。

關鍵名詞解釋

農業 agriculture　有系統的利用資源以生產食物的活動。（15.0）

營養結構 trophic structure　用來表示一個生物社群裡的攝食關係。（15.1）

生產者 producer　位在營養階層最底層的生物。（15.1）

消費者 consumer　從別種生物那裡攝取物質與能量的生物。（15.1）

分解者 decomposer　土壤中的某類生物，能把生物的遺骸分解成養分。（15.1）

固氮作用 nitrogen fixation　一種化學反應，能將大氣中的氮轉化成某種植物可利用的氮。（15.2）

土壤層 soil horizon　指土壤中的分層。（15.3）

腐植質 humus　表土層中的有機物質。（15.3）

堆肥 compost　讓有機物質腐爛所形成的肥料。（15.4）

單質肥料 straight fertilizer　僅含一種養分的肥料。（15.4）

混合肥料 mixed fertilizer　含有氮、磷、鉀三種植物營養素的肥料。（15.4）

生物累積 bioaccumulation　當有毒的化學物質從較低的營養階層進入食物鏈後，它會在較高階層的生物體內累積成較高的濃度。（15.5）

鹽化作用 salinization　農田因灌溉而使土壤發生鹽化的現象。（15.6）

微灌溉法 microirrigation　把水直接輸送到植物根部的灌溉方式。（15.7）

有機農耕 organic farming　不使用殺蟲劑或合成肥料的耕種方式。（15.7）

整合式作物管理法 integrated crop management 在顧及當地土壤狀況、氣候條件、及經濟情況下，提高農產利潤的管理法。（15.7）

整合式害蟲管理法 integrated pest management 一套蟲害管理方法，強調預防、規劃、及使用各種可控制害蟲的資源。（15.7）

費洛蒙 pheromone 昆蟲分泌的有機化合物，藉以彼此傳遞訊息。（15.7）

基因轉殖生物 transgenic organism 含有一個或多個外來基因的生物。（15.8）

延伸閱讀

1. http://www.croplifeamerica.org

   這是美國作物生命協會（Crop Life America，該會的前身是American Crop Protection Association）的網站，此機構的成立是代表製造、販售及經銷保護農作物的化學用品的公司。

2. http://www.epa.gov

   這是美國環境保護局的官方網站，可以利用搜尋引擎在該網站中找到許多與殺蟲劑相關的文章，包括討論如何使受汙染的生態系復原的文章。

3. http://www.nrcs.usda.gov

   這是美國農業部天然資源保護局的網站。該部的任務是幫助人們保護、改善及維持天然的資源與環境。

4. http://www.thp.org

   這是饑荒計畫（Hunger Project）的網站，它是一個國際性組織，旨在終結全球的饑荒問題。

5. http://www.cspinet.org

　這是公共利益科學中心（Center for Science in the Public Interest）的網站，它是一個非營利的教育性機構，致力於改善食物供應的安全性與營養品質。

6. http://cipotato.org

　國際馬鈴薯中心（西班牙語簡稱CIP）把馬鈴薯及其他原產於安地斯山脈的根莖類作物，視為一種尚未被充分開發利用的資源，對農業發展及解決開發中國家的饑荒問題，頗有發展的空間。成立於 1971 年的CIP，致力於改善馬鈴薯的栽培、產量、加工及消費。如今，CIP的使命已擴展到包括番薯，及其他原產於安地斯山脈一帶、瀕臨絕種的罕見根莖類作物。

7. http://www.ams.usda.gov/nop

　從這個網站可以瞭解美國農業部如何確認有機食品的細節。他們宣稱這套措施有助於防止「有機」字樣的濫用，以免有些產品僅含幾種有機成分，卻在包裝上標示「有機食品」。

第 15 章　　觀念考驗

關鍵名詞與定義配對

農業	固氮作用
生物累積	有機耕種
堆肥	費洛蒙
消費者	生產者
分解者	鹽化作用
腐植質	土壤層
整合式作物管理法	單質肥料
整合式害蟲管理法	基因轉殖生物
微灌溉法	營養結構
混合肥料	

1. _____：有系統的利用資源以生產食物的活動。

2. _____：社群中生物攝食關係的模式圖。

3. _____：位在營養結構最底層的生物。

4. _____：攝取其他生物的物質與能量的生物。

5. _____：土壤中的某類生物，可將曾經是活的東西轉變成營養物質。

6. _____：一種化學反應，可將大氣中的氮轉化成某種植物可利用的氮形式。

7. _____：土壤中的分層。

8. _____：表土中的有機物質。

9. _____：有機物質腐敗後所形成的肥料。

10. _____：僅含一種營養的肥料。

11. _____：含有氮、硫、鉀等植物所需營養的肥料。

12. _____：有毒化學物質從低營養階層進入食物鏈後，當它逐漸往高營養階層移動，濃度也隨之增加的過程。

13. _____：當灌溉的水分蒸散，使農田鹽度上升的過程。

14. _____：將水直接輸送到植物根部的方法。

15. _____：不使用殺蟲劑或合成肥料的農耕方式。

16. _____：一種整體的農耕策略，牽涉到農作物的管理，使農作物在適合它們的土壤、氣候及經濟條件下生長。

17. _____：一種控制蟲害的策略，強調預防、計劃、及使用各種防蟲的資源。

18. _____：昆蟲分泌的有機分子，用來互通訊息。

19. _____：含有一個或多個外來基因的生物。

■ 分節進擊

15.1 人類吃遍各個營養階層的食物

1. 光合作用的兩種主要化學產物是什麼？
2. 在營養結構中，如何區別生產者與消費者？
3. 為何在各種生物社群中，營養階層的數目都很有限？
4. 當生化能量從較低營養階層轉移到較高營養階層時，會發生什麼情形？

15.2 植物也需要營養素

5. 植物可以利用的主要天然氮源是什麼？

6. 植物也需要氧氣嗎？

7. 土壤中主要的天然磷肥是什麼？

8. 陸生植物對海洋水分的組成有什麼影響？

9. 為什麼植物很少缺乏鈣及鎂？

10. 植物最常吸收哪一種形式的硫？

15.3 什麼決定土壤肥沃度？

11. 土壤中包括哪三種土壤層？

12. 哪一種土壤層沒有生物居住？

13. 肥沃的表土中有哪四種重要的組成？

14. 有腐植質的土壤有什麼好處？

15.4 天然及合成肥料幫助土壤回復肥沃度

15. 大多數的合成氮肥都是以什麼過程製造的？

16. 單質肥料和混合肥料有什麼不同？

17. 混合人工肥料比天然堆肥多了什麼好處？

18. 天然堆肥有什麼地方是混合人工肥料比不上的？

15.5 消滅昆蟲、雜草、及真菌

19. 農藥可以分成哪三大類？

20. 常見的殺蟲劑有哪三種？

21. 今日人們還在使用DDT嗎？

22. 哪一種除草劑會殺死發芽階段的雜草？

23. 嘉磷塞會干擾哪兩種胺基酸的生化合成？

15.6 從錯誤中記取教訓

24. 殺蟲劑和肥料如何跑進我們的飲水中？

25. 合成肥料因為缺乏什麼使它們對土壤有害？

26. 灌溉農田對表土會造成怎樣的損害？

15.7 維護農地的高產量

27. 微灌溉的好處是什麼？

28. 什麼是有機農耕？

29. 有機農耕在整合式作物管理法的推展上扮演怎樣的角色？

30. 太空科技如何應用在縮減農田的殺蟲劑用量上？

31. 如何利用費洛蒙來降低昆蟲的數量？

15.8 用基因轉殖來改善農作物

32. 基因會製造哪一類生物分子？

33. 基因轉殖植物如何減少農作物所需的殺蟲劑用量？

34. 為什麼要研發出能夠自行固氮的基因轉殖玉米，是如此困難的事情呢？

35. 基因轉殖植物可能對環境帶來怎樣的傷害？

想一想，再前進

36. 目前全球約有多少人口？

37. 每年有多少人因為饑餓的相關問題而死亡？

高手升級

1. 一株死掉的植物在完全乾燥後，其中的氧原子占總重量的 44.4%。請問這些氧是怎樣封鎖在植物體內，不會釋放到大氣中？

2. 如果沒有分解者的作用，森林會變成什麼樣子？

3. 爲什麼已發現的霸王龍（Tyrannosaurus rex）化石數量，遠比其他被發現的恐龍化石數量少很多呢？

4. 爲什麼以肉爲主食的飲食，會嚴格限制人類族群的可能大小？

5. 腐植質對土壤的酸度有何影響？

6. 爲什麼負責維護足球場草皮的工作人員要在草皮上鑽洞？

7. 土壤中的小空隙是植物生長所必需的東西；但如果這些空隙過大，卻有害植物的健康。這是爲什麼呢？

8. 拖拉機及其他沉重的農耕機械會把土壤壓得很緊密，這種緊壓作用會如何影響土壤的肥沃度？

9. 爲什麼含有高比例黏土的土壤，可以把營養素保留得很好？

10. 既然含高比例黏土的土壤這麼營養，爲什麼植物卻無法在其中生長良好？

11. 鹼性土壤中的銨離子會發生什麼反應？這種反應爲什麼會促成土壤中的氮流失掉？

12. 爲什麼缺氮的植物，葉片會呈黃色？想想圖 15.4 所顯示的紫質環結構。

13. 堆肥中的有機堆體如何維護土壤的肥沃度？

14. 爲什麼 DDT 對脂肪組織具有強烈的親和度？

15. 爲什麼當某作物僅施予合成肥料時，所需的用量會愈來愈多？

16. 在施予合成肥料的土壤中，其高濃度的營養會把蚯蚓趕走。請問，這樣會如何影響土壤的結構？

17. 已知有三種肥料添加物：鋸木屑、魚粉、木材灰燼；另有三組肥料的氮、磷、鉀

比值，分別是：5-3-3、0-1.5-8、0.2-0-0.2。根據你對上述物質的化學組成物的瞭解，請問它們的氮、磷、鉀比值可能分別是哪一組？

18. 暴風雨帶來的週期性氾濫，對灌溉的農田有什麼益處？

19. 堆肥中的銨離子，或是合成肥中的銨離子，何者對植物比較有利？

20. 請區分有機農耕與整合式作物管理法兩者的差異。

21. 如果殺蟲劑本身也是有機物質，為何有機農耕還是排斥使用殺蟲劑？

22. 在農地上同時種植二、三種農作物，有什麼好處？

23. 美國政府付錢給許多農人，要他們不要在自己的農田上耕種。根據你從本章瞭解到的觀念，請提出你認為合理的原因。

24. 除了引誘昆蟲聚集到有殺蟲劑的地方，費洛蒙還有什麼其他的功用，可以降低昆蟲的數量？

25. 為什麼基因工程的進步對農業發展意義重大？

26. 你認為，攝取到基因轉殖生物所製造的食物的機率有多高？

27. 基因工程如何抵抗土壤鹽化作用所造成的負面影響？

28. 為什麼經過基因改造而能產生較多蛋白質的番薯，在缺氮的土壤中，有較差的耐受力？

■ 焦點話題

1. 攝取食物鏈中低營養階層的生物，有什麼好處？攝取較高營養階層的食物又有什麼好處？請說明這些好處是針對全人類而言，或是只對個人而言。

2. 經過放射線處理以殺死病菌的有機栽培作物，是否能被貼上「有機」食品的標籤？還有利用基因轉殖種子，以有機方式栽種所產生的作物是否也能標上「有機」字樣呢？請說明你認為可以或不可以的原因。

3. 經過基因改造的食品在市面上販售時，是否需要貼上「基因轉殖」字樣？請說明

要或不要的理由。

4. 你認為是否該頒布國際禁令來停止DDT的製造與使用？

5. 根據本章第204頁的文字指出：市場壓力往往造成有機蔬果的價格飆漲。請問所謂的市場壓力可能有哪些呢？

6. 假設你是一位巴西的農民，你準備砍伐雨林來做牧場。這時，一位來自美國這個牛肉王國的環保人士，來敲你的門，想請你不要這麼做。你想他可能會如何說服你？什麼原因會讓你堅持要砍伐雨林？

7. 你是否願意喝注射過牛生長素的乳牛所生產的鮮奶？如果這些牛生長素是經由基因轉殖細菌製造出來的，你是否介意？

8. 為什麼生產更多的食物未必是全球饑荒問題的解決之道？

ANSWER

觀念考驗解答

第13章　生命的化學

關鍵名詞與定義配對

1. 碳水化合物	13. 染色體
2. 醣類	14. 複製作用
3. 肝糖	15. 基因
4. 脂質	16. 轉錄
5. 脂肪	17. 轉譯
6. 蛋白質	18. 重組DNA
7. 胺基酸	19. 基因選殖
8. 酵素	20. 維生素
9. 核苷酸	21. 礦物質
10. 核酸	22. 代謝
11. 去氧核糖核酸	23. 異化作用
12. 核糖核酸	24. 同化作用

分節進擊

13.1　構築生命的基本分子

1. 有的，植物的細胞膜包在堅固的細胞壁中。
2. 碳水化合物、脂質、蛋白質、核酸。

13.2　碳水化合物提供細胞結構與能量

3. 不是的。例如纖維素，這是一種人體無法消化的碳水化合物。此外，許多成人也缺乏消化乳糖的酵素。

4. 葡萄糖有一個 CH_2OH 基和一個六碳環，果糖有兩個 CH_2OH 基和一個五碳環。

5. 澱粉可以儲存光合作用製造的葡萄糖。

6. 在直鏈澱粉中，葡萄糖單位串連成捲曲的長鏈。在支鏈澱粉中，葡萄糖單位會形成分支。

7. 兩者都含有葡萄糖。

8. 纖維素。

13.3　脂質是不溶於水的分子

9. 一個甘油分子上面連接三個脂肪酸，便構成一個三酸甘油酯分子。

10. 飽和脂肪不含雙鍵，在碳鏈上接滿了氫原子。

11. 它們都具有四個碳環相連的結構。

13.4　蛋白質是超大生物分子

12. 胺基酸。

13. 不同的胺基酸分子，側基上的化學組成不同。

14. 它們都是由胺基酸構成的。

15. 「一級結構」指的是多肽鏈上的胺基酸序列。「二級結構」可分為 α 螺旋和 β 褶板兩種，用來描述多肽鏈上的局部構造。「三級結構」指的是整條多肽鏈折疊起來後所產生的外形結構，也許扭曲成長條纖維狀，或者纏繞捲曲成球體。「四級結構」用來描述不同的蛋白質（多肽鏈）彼此組裝成一個大型複合物的整體結構。

16. 常見的二級結構包括 α 螺旋和 β 褶板；常見的三級結構則有長條狀及球體。

17. 雙硫鍵可使蛋白質結構更加穩固。

18. 加速生化反應的發生。

19. 分子引力。

13.5 核酸帶有合成蛋白質的密碼

20. 核酸是一種聚合物，含有製造蛋白質的模板。核苷酸是構成核酸的基本單元。

21. RNA 主要存在細胞核外的細胞質中。

22. 去氧核糖核酸（DNA）主要位在細胞核中。

23. DNA 含有腺嘌呤、鳥糞嘌呤、胞嘧啶、胸腺嘧啶。RNA 則含有腺嘌呤、鳥糞嘌呤、胞嘧啶、尿嘧啶。

24. 密碼子位在 RNA 上。

25. tRNA。

26. 轉錄作用製造 RNA，轉譯作用則將胺基酸連接成蛋白質。

27. 精胺酸

28. 限制酶是能將長鏈 DNA 切成較短片段的酵素。

29. 限制酶錯開的剪法所產生的 DNA 片段，會出現一股比另一股長的情形，這種單股的末端就叫做黏端。以相同的限制酶切開不同來源的 DNA，可以產生重組 DNA，因為黏端上有互補的鹼基序列，可以重新黏合起來。

13.6 維生素是有機物，礦物質是無機物

30. 脂溶性和水溶性兩種。

31. 因為食物在滾水中容易失去水溶性維生素。

13.7　代謝：生物分子在體內走一遭

32. 異化作用是將生物分子分解成二氧化碳、水和氨，以形成 ATP。

33. 同化作用會導致體內大型生化分子的形成。

13.8　健康飲食的食物金字塔

34. 複合碳水化合物。

35. 膳食纖維除了纖維素外，也可以是可溶性纖維，這是由某種類型的澱粉所構成的纖維素。

36. 只要是吃多了，照樣會使血糖濃度明顯上升。因此你吃東西的質與量都很重要。

37. LDL。

38. 因爲必需胺基酸的側基不容易在人體內合成，所以從其他生物那邊獲取必需胺基酸比較有效率，在經過長久的演化之後，人體變得無法合成必需胺基酸。

高手升級

1. 碳水化合物是由水和二氧化碳構成的，但是它並不含有這兩種東西。記得《觀念化學1》的第2章曾經提過，任何化學產物都與形成它的反應物很不同。

2. 植物利用纖維素這種碳水化合物，做爲重要的結構物。

3. 相似的是兩者皆爲葡萄糖的聚合物。相異的是葡萄糖單體連結的方式。在纖維素中，葡萄糖連結成直線聚合物，彼此並列成堅韌的物質，成爲植物的重要結構物。在澱粉中，葡萄糖的連結形成 α 螺旋，並允許支鏈規律的出現在聚合物的長鏈上。

4. 口腔裡的酵素會將澱粉分解爲個別的葡萄糖分子，所以會感覺出甜味。

5. 按照定義，脂質是不含極性官能基的非極性分子，它們主要是非極性的碳氫化合

物。脂質不溶於水，因為它們敵不過水分子彼此所具有的引力。

6. 膽固醇是體內製造各種重要類固醇（包括性荷爾蒙）的起始物質。雖然內文並沒有深入說明，但你也許會覺得有趣的是，膽固醇竟也是細胞膜上的重要組成，因為它能發揮各種分子間的力量，來強化細胞膜。

7. 技術上來說，脂肪分子與三酸甘油酯是同義詞。三酸甘油酯是飲食中常見的脂肪。所以如果某種產品不含三酸甘油酯，我們說該食物「零脂肪」，多少還算合理。不過，一旦脂肪分子被消化，它們將分解成甘油及脂肪酸。因此，這類食品到你體內，和那些含脂肪的食品進入你體內，結果是差不多的，你同樣攝入了許多卡路里。

8. 蠶絲的結構中含有許多褶板，其中主要是由非極性胺基酸（例如苯丙胺酸和纈胺酸）所構成。由於蠶絲屬於非極性物質，因此它自然容易排斥水分子。相反的，棉花是由纖維素（一種多醣）構成的，它有很多具極性的氫氧基，可以吸引水分子。因此，棉花比蠶絲更容易吸水。

9. 髮質纖細是因為每一根頭髮都很細，也就是每一根頭髮的質量都比較少，質量少表示每一根頭髮所含的胺基酸較少，連帶半胱胺酸及它們形成的雙硫鍵也比較少。所以你要是使用濃度很高或甚至只是一般強度的還原劑，可能造成顧客的頭髮結構全都瓦解。那就太可怕啦！因此，在使用還原劑之前，你應該先稀釋一下，甚至省略還原步驟，直接從形成雙硫鍵的氧化步驟下手。

10. 因為新生的頭髮會取代燙過的頭髮。

11. 絲胺酸—白胺酸—絲胺酸—白胺酸—半胱胺酸

12. 因為碳水化合物和脂肪不含氮原子，這是製造蛋白質必需的東西。

13. a是氫鍵，b是雙硫鍵，c是疏水鍵。此蛋白質的一級結構是構成蛋白質的胺基酸序列。二級結構是三個 α 螺旋（捲曲的部位）和一個 β 褶板（鋸齒狀區域）。三級結構是多肽鏈折疊起來的整體形狀。在圖中並沒有出現四級結構，因為這條多肽鏈並未與其他多肽鏈組合。

14. 麩胺酸、天門冬胺酸、酪胺酸的側基因為具有羧酸或酚官能基，所以帶酸性。在 pH 值高的情況下，這些官能基會失去一個氫離子，使氧成為帶負電的離子。因此如果是近乎中性到較高的 pH 值，會使這些側基形成離子。相反的，離胺酸、組胺酸的側基則是在低的 pH 值下，會得到一個氫離子。因此，這些酸性或鹼性的側基會隨著 pH 值的改變而形成離子，這將明顯改變多肽鏈內部的分子引力，可能使它失去原來的結構而發生變性。

15. 如果尿嘧啶成為 DNA 的正常組成，這種「正牌」的尿嘧啶，將無法與任何由胞嘧啶自動變成的尿嘧啶做一個區分。胸腺嘧啶上的甲基顯然是一個「標籤」，告訴修復酵素不要碰它，因此可以預防致命性的基因訊息的損失。

16. 核苷酸會組成核酸，這是一種長鏈分子。核酸裡的基因是一段核苷酸序列，它是製造蛋白質的模板。密碼子由三個核苷酸組成，會對應到一個胺基酸。因此，這些東西從小排到大的順序是：核苷酸、密碼子、基因、核酸。

17. DNA 上的 ATG 會在 mRNA 上轉錄成 UAC，這個密碼子會對應到酪胺酸。

18. DNA 能以雙股存在，是因為核苷酸之間的分子引力。由於核苷酸分子結構的不同，使得鳥糞嘌呤和胞嘧啶之間彼此吸引，而腺嘌呤則與胸腺嘧啶彼此吸引。因此在 DNA 雙螺旋內，對某一股上的每一個腺嘌呤來說，總有一個胸腺嘧啶在另一股上與其相對應，使得 DNA 上的腺嘌呤數目總是與胸腺嘧啶數目相同。

19. 天門冬胺酸—脯胺酸—丙胺酸。

20. 蘇胺酸—麩醯胺—精胺酸—天門冬胺酸—纈胺酸。這將使基因產生與原來顯著不同的多肽鏈，這種改變可能對生物體不利，甚至有致命的危險。

21. 核糖上的氫氧基為 mRNA 聚合物提供特殊的構形，使它不容易與 DNA 結合。

22. 有兩個對稱的序列可以被限制酶識別。（如下圖所示）

23. 水很容易在我們的體內通過（我們身體本身也有很大一部分是水構成的）。因此，過量的水溶性維生素很快就被排出體外。相反的，非水溶性的維生素容易在非極性的脂肪組織中累積，因此會在體內停留頗長一段時間。

24. 因為只有離子形式的礦物質會溶於水。礦物質必須能溶於水，才能被輸送到全身各部位去利用。

25. 你應該告訴她，人體每天都需要吸收些許的維生素C。如果她一星期只服用一次維生素C，且每回都使用過量，她的身體將無法儲存這些多餘的維生素C。結果，多餘的維生素C會被排出體外，使她的身體可能連續幾天都缺乏維生素C。

26. 兩者都有道理，不過b的敘述比較正確一點。維生素缺乏症（例如壞血症）也是因為某些合成及分解反應在缺乏維生素時無法順利進行而造成的。

27. 因為蔗糖是雙醣，在供身體利用前，得先進行分解，形成兩個單醣，且其中只有一個是葡萄糖，因此升糖指數只有葡萄糖的64%。

28. 在消化過程中，直鏈澱粉和支鏈澱粉上的葡萄糖單體，只能從長鏈分子的端點逐一被分解，因此分解起來很花時間。蔗糖不是聚合物，所以分解起來比等量的澱粉分解還快。

29. 這些多元不飽和脂肪酸來自牛所攝取的素食。

30. 在等量的食物中，不是看何者的蛋白質含量多就可以了，還要看哪一種具有均衡的必需胺基酸。花生醬裡缺乏色胺酸和甲硫胺酸兩種必需胺基酸。而水煮蛋是從同樣需要均衡胺基酸的動物那裡來的，因此已經具備各種必需胺基酸。

31. 你體內的每一條肌肉都是胺基酸的儲存庫。在饑餓期間，你的身體會消耗這些胺基酸，因而削減你的肌肉。

32. 只要在麥片早餐加入牛奶就可以彌補這種不足。

第14章　藥物的化學

關鍵名詞與定義配對

1. 加乘效應
2. 鎖鑰模型
3. 組合化學
4. 化學療法
5. 神經元
6. 突觸間隙
7. 神經傳導物質
8. 精神藥物
9. 神經傳導物質的回收
10. 生理依藥性
11. 心理依藥性
12. 麻醉劑
13. 止痛藥

分節進擊

14.1　如何分類藥物

1. 植物、動物及人工合成。
2. 不一定。
3. 當某藥物能加強另一藥物的效果，我們就稱之為加乘效應。

14.2　鎖鑰模型指引化學家合成新藥物

4. 我們把藥物當作鑰匙。
5. 分子間的作用力，例如氫鍵。
6. 蛋白質。

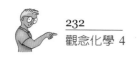

7. 化學家能夠藉此製造出非常相似的化合物，甚至比天然藥物更有療效。此外，當天然產物很珍稀或是不易取得，合成天然化合物可以彌補天然供應的不足。

8. 化學家利用組合化學法製造出一系列的化學物質之後，他們需要從這些產物中去尋找有顯著療效的化學物質。這種情形與化學家從一大堆天然產物中去搜尋有用的化學物質相似。

14.3 利用化學療法對抗疾病

9. 因為細菌無法從其他來源獲取葉酸，因此它們需要利用 PABA 製造葉酸；而人類可以從食物中直接獲取葉酸。

10. 化學療法在癌症的初期使用，效果最佳，因為這些化學藥物最能打擊正在進行細胞分裂的細胞。

11. 癌症並非單一種疾病，而是一群各種不同疾病的統稱，每一種病都有各自的行為以及治療的難處。

12. 甲胺喋呤能與二氫葉酸的受體部位結合，因而干擾癌細胞的代謝反應。

14.4 阻撓懷孕有良方

13. 只要按照醫師指示正確使用，避孕藥的避孕效果可達 99%。

14. 含黃體素的避孕藥會阻礙黃體素的作用：維護子宮的內膜。要是缺乏黃體素，子宮內膜會剝落。美服培酮則是防止受精卵附著在子宮裡。

14.5 神經系統是由神經元構成的網路

15. 神經元不斷的把鈉離子經由離子通道打出細胞膜外，藉此維持膜內外的電位差。

16. 此人的精神會處於警戒狀態，呼吸道打開、心跳加速、呼吸急促，不必要的活動（例如：消化作用）則全部停止。

17. 維護神經元的活躍，會促進消化作用進行、小腸肌將食物向前推擠、視力變敏

銳、心律的維持穩定。

18. 多巴胺。

19. 抑制神經衝動的輸出。

14.6　興奮劑、迷幻藥與鎮定劑

20. 這是身體重複使用神經傳導物質的方式，因為神經傳導物質合成不易。

21. 安非他命。

22. 生理依藥性會出現憂鬱、疲倦、食慾不振等生理症狀。心理依藥性的症狀會在生理依藥性的症狀消失後，依然存在良久，並重新點燃毒癮。

23. 它幫助正腎上腺素釋放到突觸間隙。

24. 它可以模仿乙醯膽鹼的作用。

25. 它模仿血清張力素的作用。

26. 大麻有很多副作用，其中的某些副作用也許有醫療用途。

27. 酒精、巴比妥鹽、苯二氮平。

14.7　謹慎使用麻醉劑與止痛藥

28. 藉由阻止神經傳遞知覺來阻絕疼痛的藥物。

29. 無需阻斷神經知覺而能增強我們忍痛能力的藥物。

30. 類鴉片的受體部位主要位在腦部。

31. 腦內啡。

32. 美沙酮的劑量容易控制，且戒斷症和上癮症也比類鴉片輕微。不過，美沙酮仍是危險的麻醉藥。因此以美沙酮治療的方案需要醫師的密切監督，加上謹慎安排的諮詢計畫。

14.8　治療心臟疾病的藥物

33. 心絞痛是由心肌缺氧引起的胸痛。

34. 一氧化氮是血管擴張劑的代謝產物，它會鬆弛血管的肌肉。

35. 血管擴張劑能擴大血管，使血液容易流通。

36. β 阻斷劑能阻礙正腎上腺素及腎上腺素與 β 腎上腺素受體的結合；鈣離子通道阻斷劑則能防止鈣離子進入肌肉細胞。兩者皆能減慢心跳及減輕心臟的負擔。

高手升級

1. 因為有機化合物的種類繁多，可以製造出各種不同的醫藥，以符合不同疾病的需求。

2. 阿斯匹靈並不知道要去頭部，也不會知道要往腳拇指跑。事實上，一旦阿斯匹靈進入血液中，它會分布到全身各處，這就是為什麼阿斯匹靈可以紓解頭痛，也可以醫治腳指痛。

3. 天然的也好，人工的也好，兩者的效果都一樣。有很多天然產物對身體的害處，正如同許多合成藥物對人體的負面影響。藥物的效果取決於它的化學結構，而不是它的來源出處。

4. 當它們的主要及次要作用不相同時。

5. 癌症的化學療法無法完全殺死所有癌細胞，只能說大部分癌細胞可被殺死，剩下的癌細胞就由免疫系統來解決。愈早發現癌細胞，需要殺死的癌細胞就愈少，這對化學療法及免疫系統都是比較輕鬆的負擔。等癌症發展到較後期，癌細胞數量可能會多到在使用化學療法後，免疫系統應付不及的地步。此外，現今大多數化學療法使用的藥物，多半只能殺死正值細胞分裂期的癌細胞。由於年輕腫瘤裡的細胞分裂情形比年老腫瘤旺盛，所以年輕腫瘤比較容易屈服於化學療法。

6. 磺胺類藥物轉化成磺苯醯胺（sulfanilamide）後，會與細菌的葉酸合成酵素上的 PABA 受體部位結合。由於磺苯醯胺會與 PABA 競爭受體部位，所以磺苯醯胺可說是一種抑制劑（請見第 13 章關於酵素的討論）。如果 PABA 與磺胺類藥物併用，PABA 有較大的機會先與細菌酵素的受體部位結合，幫助細菌合成所需的葉酸。因此，把 PABA 與磺胺類藥物併用，將可能減低它的抗菌效果。

7. 這是利用加乘效應的一個例子。蛋白酶抑制劑與抗病毒核苷兩者皆能延緩病毒的複製，把它們結合起來使用，可以創造出比它們個別使用時相加還大的效益，這就是加乘效應的意義。

8. 某些抗病毒藥劑藉由搗亂病毒的遺傳機制來殺死病毒，某些抗癌藥物也藉由搗亂癌細胞的遺傳機制來殺死癌細胞；那些具有抗癌活性的抗病毒藥劑，正是因為它們同時能搗毀病毒和癌細胞兩者的遺傳機制。

9. 全球七十億人口中，有三十五億是女性。所以使用避孕藥的女性人數百分比是七千萬／三十五億 × 100% = 2%。因此避孕藥對全球人口成長似乎沒有重大影響。

10. 大多數（而非所有）神經元的連結，需要仰賴神經傳導物質通過突觸間隙，使得身體能利用化學作用來調節神經衝動的傳導；如此藥物化學也才有用武之地。

11. 許多興奮劑是藉由阻礙神經傳導物質的回收來發揮作用的。這些滯留在突觸間隙的神經傳導物質，將被酵素分解。等藥物不再阻礙神經傳導物質的回收時，能被前突觸神經元回收的神經傳導物質已所剩無幾。缺乏神經傳導物質，會使神經元之間的溝通停頓，導致用藥的人陷入沮喪、抑鬱。

12. 有毒癮者若得不到毒品，將經歷一些不愉快的戒斷症狀，迫使他們出現找尋毒品的行為。同樣的，當我們有一段時間未進食，我們會出現饑餓難耐、疲倦、甚至全身發抖的情形，使我們想要尋找食物。因此，就某種意義來說，我們對食物的癮還頗類似吸毒者的癮，都是一種依賴。不過這兩者還是有一個基本的差異，就是不吸毒照樣可活，不吃東西卻活不成。

13. 因為尼古丁是對人體相當有害的東西。

14. 文中討論到的迷幻藥並不是麥角酸，而是麥角二乙胺。麥角酸和麥角二乙胺是不同的化學物質，兩者各有獨特的物理、化學及生物上的特性。

15. MDA的有效劑量是LSD的許多倍。換句話說，若MDA的使用單位是毫克，LSD的使用單位則是微克。由於MDA的用量比LSD多這麼多，因此比較容易出現負面的作用。

    不過，藥物戒斷症狀的原理相當複雜。看看這個例子：一個愛喝咖啡的人若停止喝咖啡，就會出現頭痛的現象。不過，頭痛的形成是因為咖啡裡的咖啡因有一些負面的作用，其中之一是使血管擴張。經過一段時間，咖啡飲者的身體適應了這種擴張，使血管出現收縮的力量，來抵抗血管的擴張。當此人不再喝咖啡時，身體卻不知道要停止抵抗血管擴張，使得血管過度緊縮，引起頭痛，迫使此人喝更多的咖啡。

    同樣的，一再使用MDA，將使身體對它的負作用產生耐受性。即使停用MDA後，身體依舊努力忍受這種藥物。因此是身體本身對藥物的抵抗，促使MDA使用者繼續使用MDA，產生了惡性循環。

16. 酗酒者的身體認得酒精產生的抑制作用，並藉由增加突觸的受體部位來彌補，以增加神經衝動的傳遞。由於這些受體部位數量很多，使酗酒者能忍受酒精的壓抑效果。不過，在清醒後，這些過量的受體部位將使酗酒者出現難以控制的顫抖。

17. 優點是此人在服用Marinol後，不會有牢獄之災的危險。缺點是此人若已經出現噁心的症狀，那麼他或她的胃可能無法接受此藥物，直到它發揮抗噁心的效果。本章內文曾提過，除了注射法，施藥最快的途徑之一是吸入法。

18. 一個分子必須有某種結構，才能與受體部位結合。這些全身麻醉劑的結構各不相同，表示全身麻醉作用無需特定的分子結構，同時，它們也不是作用在特定的受體部位。

19. 首先，一旦苯佐卡因被修改，它將成為其他種化學物質，而不再是苯佐卡因。

    我們可以把苯佐卡因的酯基延長，並使一個氮原子與酯基下方的氧原子距離兩個

碳（如圖 14.36 所示），如此將得到普卡因，這是更強效的麻醉劑。

20. 鹵乙烷是一種氟氯碳化合物，如《觀念化學 3》的第 9 章及《觀念化學 5》的第 17 章所述，這種東西的禁用是因為它會對平流層的臭氧造成威脅。

21. 應該是先有腦內啡，然後人類才發現鴉片內含有一些化合物，能模仿腦內啡的作用。因此我們應該說：類鴉片具有腦內啡的活性。

22. 古柯鹼吸食者的體內已習慣某種快感，這種快感本質上是一種刺激。長期使用後，吸食者的體內會產生一些受體部位來因應，這些受體部位本質上是一種抑制，用以抵抗刺激作用。在出現戒斷症狀時，古柯鹼吸食者的身體會尋求刺激，以抵消身體產生的抑制作用。然而，美沙酮僅能提供神經訊號的抑制，這與古柯鹼吸食者所追求的相反。因此，美沙酮無法鼓勵古柯鹼吸食者遵守美沙酮代用療法，這種方法只適用於治療類鴉片成癮的人。對古柯鹼吸食者來說，完全停用古柯鹼，加上運動計畫、諮商、同伴的支持等，會是比較有效的戒毒法。

23. 血管壁內側的斑塊沉積就是所謂的動脈硬化症。這個問題的嚴重性在於斑塊沉積可能造成發炎，導致管壁破裂，釋出凝血因子到血液中。在血管破裂處形成的血凝塊鬆脫掉入血液中，就可能跑到身體某處（例如心臟或腦組織），阻塞血流，引發中風或心臟病。

24. 最初，香菸中的尼古丁可能藉由與維護運動神經元結合，而放鬆抽菸者的肌肉。不過，尼古丁會一直停留在這些神經元的受體部位上，使神經元受抑制。如此將產生提升壓力運動神經元的效果，這可能造成抽菸者的心肌組織過度操勞，因而危害心臟的健康。

第 **15** 章　　糧食生產與化學

關鍵名詞與定義配對

1. 農業
2. 營養結構
3. 生產者
4. 消費者
5. 分解者
6. 固氮作用
7. 土壤層
8. 腐植質
9. 堆肥
10. 單質肥料
11. 混合肥料
12. 生物累積
13. 鹽化作用
14. 微灌溉法
15. 有機耕種
16. 整合式作物管理法
17. 整合式害蟲管理法
18. 費洛蒙
19. 基因轉殖生物

分節進擊

15.1 人類吃遍各個營養階層的食物

1. 碳水化合物和氧氣是光合作用的兩種主要產物。
2. 生產者是行光合作用的生物，它們被消費者消費。第一級消費者是草食性動物。
3. 因為營養階層的數目受限於逐漸減少的食物來源。當營養階層愈高，食物所能供應的族群愈小。

4. 每通過一個營養階層，生化能量就會減少一些，因為被吃掉的動物早在牠們被攝食之前，已經在代謝中失去大多數的生化能量。

15.2 植物也需要營養素

5. 銨離子或硝酸根離子。
6. 植物需要氧氣的理由和動物相同，植物也利用氧氣進行細胞呼吸作用，它們主要是由根部取得氧氣。
7. 磷酸根離子，主要來自於含磷岩石的侵蝕。
8. 陸生植物排出的鈉離子，會經由河川流入海洋，提高海洋的鈉離子濃度，使它比鉀離子濃度高出三倍以上。
9. 因為這兩種元素的離子在大多數的土壤中都很容易取得。
10. 硫酸根離子（SO_4^{2-}）。

15.3 什麼決定土壤肥沃度？

11. 基土層、亞土層（黏土層）、表土層。
12. 基土層。
13. 有機質、礦物質顆粒、水、空氣。
14. 優點之一就是土質疏鬆，可以讓根部接近地下的水和氧氣。

15.4 天然及合成肥料幫助土壤回復肥沃度

15. 大多數的合成氮肥是將大氣中的氮氣與氫氣產生反應所製成的。
16. 單質肥料僅含一種營養素，混合肥料則是三種必需營養素的混合物。
17. 混合人工肥料比天然堆肥有更高的氮、磷、鉀百分比。
18. 天然堆肥比人工肥料含有較高百分比的有機堆體，這可以使土壤疏鬆透氣。

15.5 消滅昆蟲、雜草及真菌

19. 殺蟲劑、除草劑，以及殺菌劑。

20. 氯化碳氫化合物、有機磷和胺基甲酸鹽。

21. 美國已經在1970年代禁用DDT，但是其他國家仍繼續使用，主要是用於控制傳播瘧疾的蚊子。

22. 氰氮化鈣。

23. 嘉磷塞會干擾酪胺酸和苯丙胺酸的生化合成。

15.6 從錯誤中記取教訓

24. 殺蟲劑和肥料從農田被沖走，進入溪流、河川、池塘、湖泊，最後跑進我們的飲水中。

25. 合成肥料缺乏有機堆體，會使土壤白堊化，容易受到風的侵蝕。

26. 灌溉的水中含有鹽，一旦水分蒸散掉，這些鹽會留在土壤中，提高土壤的鹹度。

15.7 維護農地的高產量

27. 微灌溉可以預防表土的侵蝕，並降低水分蒸散造成的土壤鹽化。

28. 有機農耕是不使用合成殺蟲劑和合成肥料的農耕法。

29. 有機農耕採用多重耕種，可以達到顯著的蟲害控制；此外，還能在不使用合成肥料的清況下下改善土壤的肥沃度。

30. 太空科技中的衛星定位系統可幫助農人鎖定真正需要施用農藥的範圍。農人利用紅外線衛星攝影技術，加上親自下田仔細評估田裡的狀況，使他們能夠精準掌握作物需要的是哪一種農藥混合物，如此可以有效縮減殺蟲劑的使用。

31. 利用合成費洛蒙，可以「誘殺」策略吸引害蟲集中到放置殺蟲劑的地方，這種方式也可以避免大規模的農藥噴灑。

15.8　用基因轉殖來改善農作物

32. 蛋白質。

33. 把製造殺蟲蛋白的基因植入農作物中，使該農作物成為具有抗蟲害能力的基因轉殖植物，便可減少殺蟲劑的用量。

34. 因為固氮作用牽涉到許多的基因。

35. 基因轉殖植物如果長得太好且成為四處侵略的「超級雜草」，將會對環境有害。此外，它們也可能把新基因傳給野地裡的近親，造成難以控制的子代。

想一想，再前進

36. 在2017年，全球的人口數已達七十五億。

37. 大約八百七十萬人，其中大多數是幼兒。

▄▖ 高手升級

1. 這些氧並不是氧氣，而是固定在纖維素結構中的氧原子。

2. 沒有分解者，營養素就無法循環利用，導致許多物種的死亡。此外，落葉及其他有機殘餘物在缺乏分解者的情形下，將愈積愈高，不利植物生存。

3. 霸王龍位在食物鏈頂端（屬於四級消費者），這表示它的族群因為該營養階層的食物來源較少而受限。

4. 因為營養階層愈高，能支撐整個族群的生化能量愈少。人類族群之所以這麼大，且持續成長中，可能是因為我們也能僅以一級消費者的角色存活著。

5. 在分解過程中，腐植質釋出二氧化碳，能與水氣形成碳酸。

6. 這樣空氣比較容易穿透土壤，使氧氣能抵達草的根部。此外，偶爾鑽洞也可幫助土壤保持疏鬆，使土壤可以保留水分。

7. 土壤中的小空隙可以匯集水分與空氣，但如果空隙過大，土壤很難保留住水分，於是水分會迅速瀝出，連帶把許多植物所需的營養素帶走。

8. 這種緊壓對土壤的肥沃度有害，因為被壓緊的土壤缺乏空隙以保留水分及氧氣，而這兩者都是植物根部必需的東西。

9. 黏土是很緊密的土壤，裡頭所含的空隙較少。這表示水分不容易穿透，也意味著營養素不容易跟著水被沖刷掉。

10. 因為黏土中缺乏可以包含水分及氧氣的空隙。

11. 銨離子是一種弱酸（請見《觀念化學 3》第 10 章），在鹼性土壤中會捐出氫離子，形成氨（NH_3）。雖然氨可溶於水，但它在一般常溫下是一種氣體，很容易散逸到大氣中。

12. 植物呈綠色是因為葉片中含有葉綠素。葉綠素的構造中包含紫質環，紫質環含有氮。因此，如果植物缺氮，將影響紫質環的形成，造成植物缺乏葉綠素。少了葉綠素，植物就失去綠色而呈現黃色了。

13. 有機堆體提供土壤許多空隙，使氧氣和水分可以抵達植物的根部。

14. 因為 DDT 和脂肪組織都是高度非極性的物質。

15. 因為合成肥料無法提供有機堆體，會使土壤白堊化，並失去保水的能力，瀝濾作用就愈來愈顯著，這使得合成肥料很快就被瀝除，因此需要使用更大量的肥料來彌補損失。

16. 蚯蚓能增加土壤肥沃度的原因之一，是當它們鑽行於土壤中，會同時產生鬆土的作用。所以，要是蚯蚓從高濃度的營養地區撤離，土壤的結構將會變得比較緊密。

17. 鋸木屑主要是磨碎的纖維素，如第 13 章所述，纖維素僅由碳、氫、氧構成，因此，鋸木屑有最低的氮、磷、鉀比值，也就是：0.2-0-0.2。魚粉是良好的蛋白質來源，含有高量的氮，因此，魚粉的氮、磷、鉀比值應該是：5-3-3。如 10.1 節所述，木材灰燼是碳酸鉀（鹼性物質）的來源，因此氮、磷、鉀比值是：0-1.5-8。

18. 灌溉不可避免的會提高土壤的鹽度。雖然淹水可能把土壤中的營養素沖刷掉，但也可順便移除許多鹽的沉積物，就這點而言，對農作物是有利的。

19. 植物無法區分銨離子是來自堆肥，還是來自合成肥，銨離子就是銨離子，管它從哪裡來！它們主要的差別應該是在：堆肥能提供有機堆體，對植物有益。

20. 兩者的目標都是要在有益環境且可以永續經營的情況下生產農作物。所不同的是，有機農耕比較少使用高科技，因此需要借重較多的人力；整合式作物管理法則傾向擁抱複雜的科技，因而能大規模的生產農作物，以餵養持續膨脹的人口。

21. 這裡只是語義上的問題。有機農耕中的「有機」一詞，是指對環境有利的耕種法。而當我們說殺蟲劑是一種有機物質時，意思是說殺蟲劑是由有機分子所製成的（如《觀念化學 3》的第 12 章所述，有機分子是由一連串碳原子所構成的東西），但仍然可能對環境有害。

22. 有兩個原因可以解釋在同一塊農地上同時種植幾種作物的好處。第一點，當消耗氮的作物（例如玉米）與製造氮的作物（例如豆科植物）比鄰而種時，可改善土壤的肥沃度。第二點，這種種植方式可以控制蟲害的蔓延，好比說，當玉米田發生蟲害時，隔壁種植的其他作物卻不受玉米害蟲的侵擾，如此便能遏止蟲害的擴散。

23. 一個國家最珍貴的資源之一就是表土，因為這裡是供養全國人口的糧食產地。因此，美國政府付錢給農人請他們不要耕種，是為了保護表土資源。現今，全球食物的總供應量超過需求量，因此與其說世上數百萬挨餓的人，是因為糧食供應不足所致，不如說是因為分配食物的社會制度有問題的結果。

24. 如果使用能被昆蟲視為警訊的費洛蒙，可以使昆蟲改變行為，讓牠們不敢吃那些經過費洛蒙處理的農作物。

25. 基因工程的進步讓我們可以改造植物，提高它們的營養價值，並且增加抵抗蟲害的能力。

26. 我們很可能都已經攝取過來自基因轉殖生物的食品。根據 1992 年美國食品藥物管理局的政策，由於缺乏具體證據指稱經過基因改造生物所製成的食物與傳統方式生產的食物有什麼不同，或有較大的安全疑慮，因此政府不明令要求廠商將基因改造食品貼上特殊標籤，以識區別。也就是說，食品上是否要貼上「基因改造」標籤，是由廠商自行決定（美國於 2016 年通過基因改造食品標識法案，台灣於 2015 年公告基因改造食品標示法案）。

27. 有些植物本身已經對鹽土具有相當的耐受力，若能把產生這種耐受力的基因植入其他較缺乏耐受力的植物中，將有助於植物抵抗土壤鹽化。

28. 構成蛋白質的胺基酸分子有高比例的氮。因此，基因改造過的高蛋白番薯為了製造更多蛋白質，勢必需要獲取更多的氮。所以在缺氮的土壤中，這種植物的耐受性比較差。

週 期 表

☐ 非金屬元素　　綠字元素：固態
☐ 金屬元素　　　橘字元素：液態
☐ 兩性元素　　　藍字元素：氣態

圖例說明：
1 — 原子序
氫 H — 元素名稱／元素符號
1.008 — 原子量

週期	1	2	3	4	5	6	7	8	9	10	11	12	13	14	15	16	17	18
週期 1	1 氫 H 1.008																	2 氦 He 4.003
週期 2	3 鋰 Li 6.94	4 鈹 Be 9.012											5 硼 B 10.81	6 碳 C 12.01	7 氮 N 14.01	8 氧 O 16.00	9 氟 F 19.00	10 氖 Ne 20.18
週期 3	11 鈉 Na 22.99	12 鎂 Mg 24.31											13 鋁 Al 26.98	14 矽 Si 28.09	15 磷 P 30.97	16 硫 S 32.06	17 氯 Cl 35.45	18 氬 Ar 39.95
週期 4	19 鉀 K 39.10	20 鈣 Ca 40.08	21 鈧 Sc 44.96	22 鈦 Ti 47.88	23 釩 V 50.94	24 鉻 Cr 52.00	25 錳 Mn 94.94	26 鐵 Fe 55.85	27 鈷 Co 58.93	28 鎳 Ni 58.69	29 銅 Cu 63.55	30 鋅 Zn 65.38	31 鎵 Ga 69.72	32 鍺 Ge 72.63	33 砷 As 74.92	34 硒 Se 78.97	35 溴 Br 79.90	36 氪 Kr 83.80
週期 5	37 銣 Rb 85.47	38 鍶 Sr 87.62	39 釔 Y 88.91	40 鋯 Zr 91.22	41 鈮 Nb 92.91	42 鉬 Mo 95.95	43 鎝 Tc (97)	44 釕 Ru 101.1	45 銠 Rh 102.9	46 鈀 Pd 106.4	47 銀 Ag 107.9	48 鎘 Cd 112.4	49 銦 In 114.8	50 錫 Sn 118.7	51 銻 Sb 121.8	52 碲 Te 127.6	53 碘 I 126.9	54 氙 Xe 131.3
週期 6	55 銫 Cs 132.9	56 鋇 Ba 137.3	57-71 鑭系 元素	72 鉿 Hf 178.5	73 鉭 Ta 181.0	74 鎢 W 183.8	75 錸 Re 186.2	76 鋨 Os 190.2	77 銥 Ir 192.2	78 鉑 Pt 195.1	79 金 Au 197.0	80 汞 Hg 200.6	81 鉈 Tl 204.4	82 鉛 Pb 207.2	83 鉍 Bi 209.0	84 釙 Po (209)	85 砈 At (210)	86 氡 Rn (222)
週期 7	87 鍅 Fr (223)	88 鐳 Ra (226)	89-103 錒系 元素	104 鑪 Rf (267)	105 𨧀 Db (268)	106 𨭎 Sg (269)	107 𨨏 Bh (270)	108 𨭆 Hs (269)	109 䥑 Mt (278)	110 鐽 Ds (281)	111 錀 Rg (282)	112 鎶 Cn (285)	113 鉨 Nh (286)	114 鈇 Fl (289)	115 鏌 Mc (290)	116 鉝 Lv (293)	117 鿬 Ts (294)	118 鿫 Og (294)

鑭系元素	57 鑭 La 138.9	58 鈰 Ce 140.1	59 鐠 Pr 140.9	60 釹 Nd 144.2	61 鉕 Pm (145)	62 釤 Sm 150.4	63 銪 Eu 152.0	64 釓 Gd 157.3	65 鋱 Tb 158.9	66 鏑 Dy 162.5	67 鈥 Ho 164.9	68 鉺 Er 167.3	69 銩 Tm 168.9	70 鐿 Yb 173.1	71 鎦 Lu 175.0
錒系元素	89 錒 Ac (227)	90 釷 Th 232.0	91 鏷 Pa 231.0	92 鈾 U 238.0	93 錼 Np (237)	94 鈽 Pu (244)	95 鋂 Am (243)	96 鋦 Cm (247)	97 鉳 Bk (247)	98 鉲 Cf (251)	99 鑀 Es (252)	100 鐨 Fm (257)	101 鍆 Md (258)	102 鍩 No (259)	103 鐒 Lr (266)

圖片來源

第 12 頁圖、圖 13.1（左）、圖 13.9（照片）、圖 13.41 由作者蘇卡奇（John Suchocki）提供

圖 13.1（右）、圖 13.2（照片）、圖 13.4（照片）、圖 13.5（a）（照片）、圖 13.5（b）（照片）、圖 13.11（a）（照片）、圖 13.11（b）（照片）購自富爾特圖庫

圖 13.3（照片）由黃德綱攝影

圖 13.24（上）、圖 14.15（照片）、圖 15.15、圖 15.22 由劉聖譽攝影

圖 13.24（右）取自 U. S. Department of Energy Human Genome Program, http://www.ornl.gov/hgmis

圖 14.1（照片）購自 Image Dictionary 圖庫

圖 15.3 行政院農業委員會農業試驗所提供

圖 15.5、第 245 頁元素週期表 由邱意惠繪製

圖 15.10 由天下文化編輯部攝影

圖 15.21 行政院農業委員會農田水利處提供

圖 15.23 Joe Munroe / Photo Researchers, Inc.

除以上圖片來源，其餘繪圖皆取自本書英文原著。

國家圖書館出版品預行編目 (CIP) 資料

觀念化學 . 4, 生活中的化學／蘇卡奇（John Suchocki）著；李千毅
　譯 . -- 第三版 . -- 臺北市：遠見天下文化 , 2020.06
　　面；　公分 . --（科學天地；173）
　譯自：Conceptual chemistry : understanding our world of atoms and
　　　　molecules, 2nd ed.
　ISBN 978-986-5535-10-0（平裝）

　1. 化學

340　　　　　　　　　　　　　　　　　　　　　　109007105

科學天地 173

觀念化學 4
生活中的化學
Conceptual Chemistry: Understanding Our World of Atoms and Molecules

原　　　著 —— 蘇卡奇（John Suchocki, Ph. D.）
譯　　　者 —— 李千毅
科學叢書顧問 —— 林和（總策畫）、牟中原、李國偉、周成功

總 編 輯 —— 吳佩穎
編輯顧問 —— 林榮崧
責任編輯 —— 黃雅蕾；吳育燐
美術設計暨封面設計 —— 江儀玲

出 版 者 —— 遠見天下文化出版股份有限公司
創 辦 人 —— 高希均、王力行
遠見・天下文化 事業群董事長 —— 高希均
事業群發行人／ CEO —— 王力行
天下文化社長 —— 林天來
天下文化總經理 —— 林芳燕
國際事務開發部兼版權中心總監 —— 潘欣
法 律 顧 問 —— 理律法律事務所陳長文律師
著 作 權 顧 問 —— 魏啟翔律師
社　　　址 —— 台北市 104 松江路 93 巷 1 號 2 樓
讀者服務專線 —— 02-2662-0012
傳　　　真 —— 02-2662-0007；02-2662-0009
電 子 信 箱 —— cwpc@cwgv.com.tw
直接郵撥帳號 —— 1326703-6 號
　　　　　　　遠見天下文化出版股份有限公司

電腦排版 —— 極翔企業有限公司；黃秋玲
製 版 廠 —— 東豪印刷事業有限公司
印 刷 廠 —— 立龍藝術印刷股份有限公司
裝 訂 廠 —— 台興印刷裝訂股份有限公司
登 記 證 —— 局版台業字第 2517 號
總 經 銷 —— 大和書報圖書股份有限公司
電　　　話 —— 02-8990-2588
出版日期 —— 2022 年 1 月 22 日第三版第 2 次印行

Authorized translation from the English language edition, entitled
CONCEPTUAL CHEMISTRY: UNDERSTANDING OUR WORLD
OF ATOMS AND MOLECULES, 2nd Edition, 9780805332292 by
SUCHOCKI, JOHN A., published by Pearson Education, Inc, publishing as
Pearson, Copyright © 2004 John A. Suchocki
CHINESE TRADITIONAL language edition Copyright © 2006, 2018,
2020 by Commonwealth Publishing Co., Ltd., a division of Global Views -
Commonwealth Publishing Group
All rights reserved. No part of this book may be reproduced or transmitted
in any form or by any means, electronic or mechanical, including
photocopying, recording or by any information storage retrieval system,
without permission from Pearson Education, Inc.
本書由 Pearson Education, Inc. 授權出版。未經本公司及原權利人書
面同意授權，不得以任何形式或方法（含數位形式）複印、重製、
存取本書全部或部分內容。

定　　　價 —— NT550 元
書　　　號 —— BWS173
I S B N —— 978-986-5535-10-0（英文版 ISBN：9780805332292）

天下文化官網 —— bookzone.cwgv.com.tw
※ 本書如有缺頁、破損、裝訂錯誤，請寄回本公司調換。